EXPOSITION RÉGIONALE

DES VINS, DES EAUX-DE-VIE,

DES ALCOOLS ET DES VINAIGRES

DES DÉPARTEMENTS

DE L'HÉRAULT, DES PYRÉNÉES-ORIENTALES, DE L'AUDE, DU GARD,
DES BOUCHES-DU-RHONE, DU VAR, DES ALPES-MARITIMES ET
DE LA CORSE,

Ouverte a Montpellier le 1er Mai 1868.

RAPPORT

PRÉSENTÉ A LA SOCIÉTÉ CENTRALE D'AGRICULTURE DE L'HÉRAULT

Par M. L. VIALLA,

VICE-PRÉSIDENT DE LA SOCIÉTÉ, RAPPORTEUR.

MONTPELLIER,

TYPOGRAPHIE DE PIERRE GROLLIER, RUE DU BAYLE, 10.

M DCCC LXVIII.

RAPPORT [1]

SUR

L'EXPOSITION RÉGIONALE

DES VINS, DES EAUX-DE-VIE,

DES ALCOOLS ET DES VINAIGRES,

Ouverte à Montpellier le 1er Mai 1868.

***

MESSIEURS,

L'Exposition des Vins de la Société d'Agriculture a eu, cette année, un éclat inaccoutumé. Le nombre des échantillons exposés, l'empressement du public, l'impression produite, les résultats obtenus, ont complétement dépassé votre attente. On peut dire, sans crainte d'être démenti, qu'il n'y a jamais eu dans le midi de la France une exposition agricole si complète et si bien réussie.

Chargé de vous présenter le compte rendu de ce Concours si remarquable, je me propose de diviser l'exposé que j'ai à vous faire en deux parties, consacrées : la première, à l'organisation de l'Exposition ; la seconde, à l'examen des produits exposés. J'essayerai, dans l'une et dans l'autre, de faire ressortir tout ce qui peut intéresser la viticulture méridionale et faciliter ses progrès.

---

[1] L'impression de ce Rapport a été autorisée par la Société d'Agriculture.

PREMIÈRE PARTIE.

Vous savez tous, Messieurs, dans quelles circonstances et sous l'empire de quelles idées l'Exposition de cette année a été conçue et préparée. Quoique ce sujet soit très-connu de vous tous, je vous demande la permission d'en dire quelques mots, afin que votre *Bulletin,* dépôt fidèle de tous les travaux de la Société, puisse conserver le souvenir de ce que vous avez pensé et de ce que vous avez voulu dans cette circonstance.

Époque la plus favorable pour les expositions de vins. Je rappellerai donc ici que, depuis 1864, la Société d'Agriculture faisait chaque année une exposition de vins, qui avait lieu ordinairement vers la fin du mois de Décembre.

Disons-le en passant, cette époque était mal choisie. Les petits vins étaient prêts à être montrés au public, les autres ne l'étaient pas encore; la saison froide, la courte durée des jours, contrariaient souvent la réunion et les opérations du Jury.

L'expérience de cette année nous a appris que la fin du mois d'Avril est infiniment préférable. Les vins, dépouillés et consolidés par les froids de l'Hiver, ont acquis toutes les qualités qu'ils sont susceptibles d'avoir. Ceux qui ont été bien soignés se sont améliorés. Ceux qui ont été négligés ont perdu. Ces considérations vous décideront, sans doute, à ne plus ouvrir vos expositions de vins qu'au Printemps, époque éminemment favorable, puisqu'elle vous permet de récompenser, dans les vins exposés, le travail qui a su les produire et les soins qui ont su les conserver.

Si elle était restée fidèle aux habitudes qu'elle avait prises depuis quelques années, la Société d'Agriculture aurait dû organiser une exposition de vins en Décembre 1867. Elle n'en fit rien et pour plusieurs motifs. D'un côté, les souvenirs de l'Exposition universelle étaient encore trop récents et pesaient sur tous les esprits; de l'autre, le Concours régional, annoncé pour le 2 Mai 1868, lui commandait de se réserver pour cette époque.

Les concours régionaux, dont les services sont déjà si nombreux, ont été conçus dans des vues d'intérêt général qui n'ont pas permis d'adopter, pour leur organisation, la forme la mieux appropriée aux besoins des pays adonnés en grand à la culture de la vigne. Les vins ne peuvent pas y jouer un assez grand rôle. Confondus avec les autres produits agricoles, ils y sont jugés avec eux par une commission composée d'hommes fort distingués sans doute, mais peu nombreux et appartenant à des spécialités différentes. Ils ne restent, en outre, exposés que pendant deux ou trois jours, temps beaucoup trop court dans un pays qui renferme un si grand nombre de personnes intéressées à voir de près et à juger par elles-mêmes. Veut-on des preuves à l'appui de ce que je viens d'avancer? La sous-commission chargée de juger la section des produits du Concours régional ne comptait que cinq membres; trente-huit ont à peine suffi pour la dégustation des vins de la Société d'Agriculture. J'ajouterai, en outre, que vingt jours après l'ouverture de notre Exposition, les négociants en vin les plus honorables de Cette et de Montpellier allaient encore, le matin, au Peyrou pour déguster et pour faire des études.

Les considérations qui précèdent furent soumises, vers la fin de l'année dernière, à M. le Préfet de l'Hérault, à M. l'inspecteur général Rendu et à S. E. le Ministre de l'Agriculture ; elles obtinrent leur approbation. Vous décidâtes dès lors que vous organiseriez, à côté du Concours régional, une Exposition spéciale de vins, d'eaux-de-vie, d'alcools, etc., destinée à lui venir en aide, à le compléter en quelque sorte, en mettant en relief les produits caractéristiques du département de l'Hérault et de la région dont il fait partie. Le Ministre de l'Agriculture se montra, dès le premier jour, très-bienveillant pour votre projet ; il vous accorda avec beaucoup d'empressement deux médailles d'or, destinées à devenir deux prix d'honneur. Sa Majesté l'Empereur consentit, de son côté, à honorer notre Exposition d'une médaille d'or à l'effigie du Prince impérial. Nous ne devons pas oublier de remercier ici M. l'inspecteur général Rendu de l'appui bienveillant qu'il voulut bien nous prêter dans cette circonstance.

Un si haut patronage, des encouragements d'un ordre si élevé étaient d'un bon augure et permettaient de compter sur le succès ; une chose était pourtant à craindre. L'Exposition régionale et l'Exposition de la Société d'Agriculture, ayant lieu en même temps, étaient exposées à se faire une concurrence fâcheuse ; un échec pouvait en résulter, soit pour l'une d'elles, soit pour toutes les deux. Rien de pareil n'est arrivé. La Société d'Agriculture a eu une exposition de vin merveilleuse, et le Concours régional a été sur le point d'être embarrassé de ses richesses inattendues. Le public avait été si bien prévenu et les mesures si bien prises, qu'il n'y a pas eu un instant de confusion et que pas une des bouteilles destinées à une exposition n'est allée à l'autre.

Il est inutile de rappeler ici tout ce qui a été fait pour préparer et pour faire réussir l'Exposition : les affiches, les circulaires, les avis insérés dans les journaux et répandus dans toute la région, des démarches personnelles faites dans le département de l'Hérault et ailleurs ; l'examen du programme que vous aviez adopté, va nous offrir un sujet d'études plus intéressant.

Plusieurs modifications importantes avaient été introduites dans ses dispositions : *Programme du Concours.*

Vous aviez admis pour la première fois les vins d'imitation et les liqueurs à concourir. L'attention et l'intérêt portés par le public à ces deux genres de produit ont prouvé que cette mesure était bonne, et qu'elle devait être maintenue à l'avenir.

Nous n'en dirons pas autant des vins vieux admis, eux aussi, à concourir. La plupart des membres du Jury ont pensé qu'il fallait revenir sur cette mesure, et que les vins vieux ne devaient être reçus désormais dans nos expositions qu'à titre de renseignement et pour montrer ce que deviennent les vins de l'année. Ces derniers sont, en effet, les seuls qui soient l'objet d'un grand commerce, et qui entrent réellement dans la consommation générale. Les autres ne sont que des exceptions et des exceptions souvent malheureuses ; la plupart d'entre eux sont déjà usés quand on vous les présente ; cela vient de ce que les exposants sont rarement organisés de manière à faire vieillir leurs vins dans de bonnes conditions. Nous ne parlerons pas des inconvénients que les vins vieux présentent dans les expositions. Les faire concourir avec les vins de l'année est fort difficile ; faire pour eux des catégories particulières, c'est doubler tout d'un coup nos expositions et créer des difficultés qui font reculer les plus courageux.

Une troisième modification plus importante que les précédentes avait été introduite dans votre programme. Jusqu'à ce jour, vos expositions de vins n'étaient ouvertes qu'aux produits du département de l'Hérault. Vous décidâtes que toute la région serait invitée à concourir. Jamais mesure ne fut plus sage et plus opportune. La région a répondu à votre appel en vous envoyant une magnifique exposition. Vous avez eu sous les yeux les principaux types de vins qu'elle produit ; vous avez pu les voir, les étudier et les comparer ensemble ; vous avez eu en même temps l'avantage de réunir autour de vous des viticulteurs distingués venus de tous les points de la région et délégués, les uns par leurs départements, les autres par les sociétés d'agriculture. Les sentiments d'union, de solidarité et de confraternité agricole que ce rapprochement a fait naître, sont d'un heureux augure pour l'avenir, ils s'étendront, ils prendront racine, et si plus tard des discussions économiques, analogues à celles que nous avons vues, viennent à se présenter, il est permis d'espérer qu'elles trouveront le Midi plus uni, plus fort et mieux préparé pour se défendre et pour faire entendre sa voix.

Après avoir invité les neuf départements qui composent la région à prendre part à l'Exposition en qualité d'exposants, il était naturel, il était même indispensable de les faire participer à la composition du Jury. La Commission que vous aviez chargée de résoudre toutes les questions relatives à l'organisation du concours [1], décida que notre président, M. G. Bazille, demanderait à tous les préfets de la région de vouloir bien désigner un membre qui représenterait, au sein du Jury, le département auquel il appartiendrait ; en dehors de ces nominations, les sociétés agricoles qui avaient organisé des expositions collectives furent invitées à déléguer quelques-uns de leurs membres. La Commission a le regret de n'avoir pas adressé une demande de ce genre au Comice de Narbonne. Elle n'aurait pas manqué de le faire, si elle avait eu plus tôt connaissance de la belle exposition de vins qu'il a envoyée. La liste du Jury se composait, en outre, de quelques membres de la Société d'Agriculture et d'un certain nombre de négociants en vins.

Composition
du Jury.

[1] Cette Commission se composait de MM. Bazille, Vialla, H. Marès, J. Pagezy, Vergnes, F. Lutrand, F. Combres, F. Cazalis, tous membres du bureau, et de MM. H. Bouschet, J. Bouscaren, E. Cambon, Des Hours-Farel, Golfin, Cazalis de Fondouce, Chancel, Pargoire, P. Gervais, Vidal.

Voici quelle fut sa composition définitive :

MM.

Victor RENDU, inspecteur général de l'agriculture.

PAGEZY, maire de la ville de Montpellier.

PASTEUR, membre de l'Institut.

PORTAL DE MOUX, délégué par le Préfet de l'Aude.

REYNÈS-AUBUSSON, délégué par le Préfet des Pyrénées-Orientales.

Philippe DUVERNEY, membre du Comice viticole des Pyrénées-Orientales.

GUIRAUD, négociant en vins, délégué par le Préfet du Gard.

Albin PEYRON, négociant en vins, à Nimes.

Le marquis de L'ESPINE, président de la Société d'Agriculture de Vaucluse.

BERTON, délégué par le Préfet de Vaucluse.

VALETTE, négociant en vins, délégué par le Préfet des Bouches-du-Rhône.

DE GASQUET, délégué par le Préfet du Var.

PELLICOT, président du Comice agricole de Toulon.

C. BLOUQUIER, négociant en vins, à Montpellier, membre de la Chambre du commerce.

C. LEENHARDT, négociant en vins, président du Tribunal de commerce de Montpellier.

RIEUNIER, négociant en vins, maire de la ville de Cette.

BÉNÉZECH, négociant en vins, à Cette.

WACHTER, négociant en vins, à Cette.

DESSALES, négociant en vins, à Pézénas.

CROZALS, négociant en vins, à Béziers.

MM.

DAUREL, propriétaire.

COSTE-FLORET, propriétaire, maire de la ville d'Agde.

DURIVAGE, négociant en vins, à Béziers.

BEAUMES, négociant en vins, à Lunel.

BAZILLE, président de la Société d'Agriculture de l'Hérault.

VIALLA, vice-président.

H. MARÈS, secrétaire perpétuel.

LUTRAND, secrétaire.

VERGNES, *id.*

F. CAZALIS, membre de la Société d'Agriculture.

BOUSCAREN père, *id.*

H. BOUSCHET, *id.*

E. DES HOURS-FAREL, *id.*

CAZALIS DE FONDOUCE, *id.*

GOLFIN, *id.*

PARGOIRE, *id.*

Camille SAINTPIERRE, *id.*

Léon MARÈS, *id.*

Furent adjoints au Jury MM. Lloubès, de Perpignan, Fabre, de Vaucluse; MM. Masse, d'Albénas, Planchon, Bouscaren fils, membres de la Société d'Agriculture; et MM. Castelnau, Gervais, Vidal, Ernest Leenhardt, comte Roger d'Adhémar, Lacrouzette-Bellonet, membres associés.

Les personnes peu initiées aux concours de vins trouveront probablement que cette liste du Jury est bien longue. Cet avis ne sera pas certainement partagé par celles qui savent tout ce qu'il faut de temps et de peine pour déguster une exposition renfermant comme la nôtre plus de 1200 échantillons. On peut poser en principe que, pour mener à bonne fin une grande dégustation de vins, il faut avoir un Jury très-nombreux, former un grand nombre de sous-commissions de 3 ou 4 membres seulement, et marcher très-vite, afin de tout finir dans l'espace de deux jours ; il est fort difficile de retenir plus longtemps un Jury composé de propriétaires et de négociants que leurs affaires personnelles rappellent chez eux.

Beaucoup de membres portés sur la liste du Jury nous firent défaut. L'un d'entre eux, M. Bénézech, fut retenu à Cette par les débuts de la maladie qui l'a dernièrement enlevé. La Société d'Agriculture, qui connaissait depuis si longtemps la haute intelligence de M. Bénézech, son expérience consommée et son dévouement à toute épreuve pour les intérêts agricoles du Midi, me permettra bien volontiers, sans doute, d'exprimer ici tous les regrets qu'a excités dans son sein une perte si imprévue et si prématurée [1].

[1] Quelques jours avant d'être malade, M. Bénézech envoya à la Société d'Agriculture une caisse de 25 bouteilles destinées à être servies comme vin d'ordinaire au banquet de l'Exposition. Ce vin, offert en hommage à la Société d'Agriculture, était en même temps destiné à faire connaître aux étrangers admis au banquet ce que valent réellement les *vins fabriqués* par le commerce de Cette.

Nous devons rappeler ici que M. Wimberg voulut bien, lui aussi, offrir à la Société d'Agriculture 12 bouteilles de ses meilleurs vins d'imitation : Porto, Madère, Malaga. Ces vins, servis au banquet, furent, comme celui de M. Bénézech, très-appréciés.

La Société d'Agriculture a été très-touchée de ces attentions délicates.

L'Exposition des vins avait été organisée dans un local Installation de l'Exposition. heureusement choisi par M. Bazille, dans l'orangerie de la promenade basse du Peyrou, située du côté du Sud. Cette longue salle voûtée, et par conséquent assez fraîche, contenait, sur tous les côtés, cinq rangées de bouteilles disposées sur des étagères et groupées par département ; elle n'avait que le défaut d'être un peu étroite et de ne pas permettre à un Jury nombreux de se mouvoir à l'aise dans son sein. Aussi avions-nous songé à installer une partie du Jury dans le pavillon en toile qui était situé en face. La pluie qui survint le jour même de la dégustation ne nous permit pas de donner suite à ce projet.

Pour rendre la dégustation plus prompte et plus facile, Opérations du Jury. Dégustation. le Jury avait été divisé à l'avance en sous-sections, de la manière suivante :

VINS ROUGES.

Vins de plaine. — M. Bazille, M. Albin Peyron, M. Bouscaren, M. Des Hours-Farel, M. Camille Saint-pierre (*adjoints :* M. Planchon, M. Bouscaren fils).

Montagnes légers. — M. Guiraud, M. H. Marès, M. Portal de Moux, M. Henri Bouschet (*adjoints :* M. Castelnau, M. Paul Gervais).

Montagnes ordinaires et montagnes foncés. — M. Charles Léenhardt, M. Valette, M. Crozals, M. Golfin (*adjoints :* M. Vidal, M. Roger d'Adhémar).

Vins de couleur. — M. Rieunier, M. Berton, M. Paul

Cazalis de Fondouce, **M. Ph. Duverney** (*adjoints :*
M. Masse, M. d'Albénas, M. Lloubès).

Vins fins. — **M. Blouquier, M. F. Cazalis, M. Léon
Marès**, **M.** le marquis de l'Espine, **M. Vialla** (*adjoints :*
M. Fabre, **M.** Lacrouzette-Bellonet, **M.** Ernest Léenhardt).

VINS BLANCS.

Vins blancs secs, vins d'imitation. — **M. Wachter,
M. Daurel, M.** Coste-Floret, **M.** Pargoire.

Vins blancs doux, Muscats, vins de liqueur. —
**M. Beaumes, M. Bénézech, M. Reynès-Aubusson,
M. Vergnes.**

Alcools, eaux-de-vie, liqueurs, vinaigres. — **M.** Des-
salle, **M. Durivage, M. Lutrand.**

M. le vicomte de la Loyère, **M. L. Barral** et **M. L.**
Mauriol avaient été adjoints au Jury de dégustation,
mais sans voix délibérative.

Cette division ne put pas être rigoureusement maintenue. La section des Muscats eut, le premier jour, deux
de ses membres absents et ne put pas fonctionner. Certaines sections furent surchargées, d'autres eurent fini
de bonne heure ; les membres qui les composaient du-
rent prêter à leurs collègues un secours parfois indispensable. Malgré ces légers embarras, la dégustation se fit
avec un soin, une méthode et une impartialité qui nous
ont valu les éloges de plusieurs délégués de la presse
agricole, témoins très-attentifs et très-compétents des
opérations du Jury. La dégustation, commencée le mer-
credi 6 Mai, à 8 heures du matin, était à peu près ter-

minée le lendemain à midi. Le choix, le classement des échantillons les plus remarqués dans toutes les sections étaient faits, et le Jury, réuni en assemblée générale, put, dans l'après-midi de ce jour, procéder à l'attribution définitive des récompenses. Chaque sous-commission demanda, l'une après l'autre, le nombre de médailles et de mentions honorables dont elle avait besoin, et en fit elle-même la distribution dans la section ou dans le département qu'elle avait dégusté. Il ne resta bientôt plus qu'à décerner les trois médailles d'honneur données à la Société d'Agriculture par l'Empereur et le Ministre de l'Agriculture.

J'avais en ce moment l'honneur de présider les travaux du Jury. Après m'être concerté avec notre Président, notre Secrétaire perpétuel et ceux de nos Collègues qui étaient présents, je déclarai, au nom de la Société d'Agriculture, que l'Hérault, ayant l'avantage de recevoir chez lui l'exposition régionale, renonçait à concourir pour les prix d'honneur, et qu'il en faisait hommage aux autres départements de la région.

Cette déclaration fut accueillie avec la plus grande faveur. Il fut décidé presque aussitôt que les trois prix d'honneur seraient donnés aux Sociétés agricoles qui avaient organisé les belles expositions collectives auxquelles notre Concours devait tant de lustre. Ce premier point admis, la médaille d'or à l'effigie du Prince impérial fut décernée au Comice viticole des Pyrénées-Orientales, pour son exposition collective des vins du Roussillon.

Une des médailles d'or du Ministre de l'Agriculture

fut ensuite donnée au Comice de Narbonne, pour les vins de cet arrondissement qu'il avait exposés.

L'autre médaille d'or du Ministre de l'Agriculture fut donnée à la Société d'Agriculture de Vaucluse, pour sa belle exposition collective des vins de Châteauneuf.

Le Jury, avant de se séparer, chargea ceux de ses membres qui seraient encore présents le lendemain, de distribuer quelques médailles, qui n'avaient pas pu être décernées, faute de temps, à quelques vins appartenant pour la plupart au département de l'Hérault. Cette dernière opération fut faite le vendredi matin avec la plus grande attention, et dès lors nous pûmes dire avec satisfaction que jamais exposition si nombreuse n'avait été dégustée et jugée avec plus d'exactitude et plus de soins.

Je ne dirai rien du banquet qui suivit; il en a été rendu compte dans notre *Bulletin*.

Observations sur le classement des vins.

Avant de terminer la première partie de ce compte rendu, je demande à vous présenter deux observations assez importantes :

1° Tous les membres du Jury ont demandé que les vins fussent classés avec plus de soin dans les expositions prochaines, et que chacun d'eux fût très-rigoureusement placé dans la section, dans le groupe dont il serait appelé à faire partie par sa qualité. Rien n'est plus propre à faciliter et rendre plus sûres les opérations du Jury. Pour faire cet arrangement d'une manière irréprochable, il faudrait que chaque échantillon fût composé de trois bouteilles : deux seraient réservées pour le Jury, la troisième serait mise à la disposition d'une

Commission préparatoire chargée de déguster les vins et de leur assigner la place qu'ils doivent occuper. Le Jury ne serait pas lié par ce classement préalable ; il serait toujours libre de le modifier.

Nous sommes obligés de reconnaître que le classement des vins laissait cette année quelque chose à désirer. Pour ne pas refroidir par trop d'exigences le zèle des exposants, vous ne voulûtes leur demander que deux bouteilles par échantillon. Ce n'était pas assez ; votre Commission préparatoire fut forcée de les respecter et de les réserver toutes les deux pour le Jury. Privée dès lors de tout moyen de voir et de déguster les vins, n'ayant pour se guider que des indications vagues et incertaines, elle travailla longtemps, prit beaucoup de peine et n'aboutit, en définitive, qu'à un classement imparfait.

2° La seconde observation que j'ai à vous soumettre a trait à la manière dont la dégustation des vins a eu lieu. Nous avions d'abord décidé que les vins seraient dégustés et jugés sans aucune distinction de département ni d'origine.

Mais le Jury se trouva bientôt en présence de difficultés assez graves, et il demanda lui-même à déguster les vins par département. Pour signaler une de ces difficultés, je vous dirai que les Saint-George, les Saint-Drézéry dans l'Hérault ; les Langlade dans le Gard, les Châteauneuf dans Vaucluse, auraient dû, dans notre premier système, ne constituer qu'une seule section : celle des vins fins. Or, comment comparer ensemble des

Saint-George, qui ont 10°,4 d'alcool pur et une couleur moyenne ; les Langlade, qui sont plus légers, et des Châteauneuf, qui arrivent jusqu'à 13° d'alcool et qui présentent, en outre, une coloration très-intense ? Cette comparaison n'était pas, à la rigueur, impossible ; mais elle était vraiment très-difficile, et on comprend parfaitement la convenance du vœu exprimé par le Jury. Nous dûmes nous rendre à son désir et nous nous promîmes en même temps de signaler ce fait à votre attention.

Notre première manière de procéder fut pourtant maintenue pour les vins d'imitation, les alcools, les eaux-de-vie, les liqueurs et les vinaigres. Ces divers produits étaient en si petit nombre dans chaque exposition départementale, qu'on fut obligé de faire pour chacun d'eux des sections communes à toute la région, et de les faire concourir sans distinction d'origine.

DEUXIÈME PARTIE.

Je viens d'entrer dans des détails assez nombreux sur l'organisation de l'Exposition, sur la composition du Jury et sur ses opérations. J'ai pensé que ces renseignements pourraient avoir un jour quelque utilité pour ceux qui auront à organiser après nous de grandes expositions de vins. Il me reste maintenant à vous entretenir de l'Exposition elle-même et des produits exposés. Comme je vous l'ai déjà dit, je tâcherai, dans le cours de cette étude, de faire ressortir tout ce qui pourra intéresser la viticulture méridionale et favoriser ses progrès.

Le nombre des échantillons exposés avait dépassé de beaucoup vos prévisions ; vous comptiez à peu près sur 1200 bouteilles de vin, vous en avez eu plus de 2,000, se répartissant comme il suit :

	Exposants.	Échantillons.	Bouteilles.
Pyrénées-Orientales.....	41	100	159
Aude...............	55	62	105
Hérault.	260	614	1113
Gard	48	108	198
Vaucluse...........	71	184	386
Bouches-du-Rhône......	6	15	28
Var...............	5	16	26
Alpes-Maritimes........	4	8	21
Corse........	1	5	5
	469	1112	2041

Il faut ajouter à ces échantillons ceux que la Société d'Agriculture avait fait venir de divers vignobles français et étrangers pour les comparer avec les vins du Midi ; ils étaient au nombre de 109 : 72 pour les vins rouges, 57 pour les vins blancs [1].

Sur les 1112 échantillons exposés par la région, près de la moitié appartenait à des expositions collectives. J'insiste sur ce point pour montrer l'importance des expositions de ce genre et pour faire voir à quel point elles méritent d'être encouragées. Dans l'état actuel des choses, elles constituent, selon moi, le seul moyen capable de faire réussir les grandes expositions de vins. On leur reproche, il est vrai, de rendre la dégustation plus difficile par le mélange confus des qualités de vin qu'elles contiennent. Ce reproche est fondé, mais il est facile de remédier à cet inconvénient en faisant une dégustation préparatoire et en mettant sur chaque échantillon une étiquette, un signe destiné à faire connaître la qualité et le genre du vin.

Nous allons parcourir successivement les expositions faites par chaque département, en commençant par l'Hérault. Les vins qu'il produit, nous étant plus connus, nous serviront de point de comparaison pour les vins des autres départements que nous connaissons moins bien.

---

[1] La Société d'Agriculture doit beaucoup de reconnaissance et de remerciements à MM. Guiraud, Albin Peyron, de Nimes ; à MM. Charles Blouquier et Charles Léenhardt, de Montpellier, qui ont bien voulu prendre la peine de demander et de faire arriver ces nombreux échantillons.

VINS DE L'HÉRAULT.

L'Exposition de l'Hérault était aussi remarquable par le nombre des vins qu'elle contenait que par leur variété et par leur mérite. Composée de 1113 bouteilles, divisées en 614 échantillons et présentées par 260 exposants, elle renfermait dans son sein des vins rouges et des vins blancs de tous les genres, des vins d'exception, tels que les Tokay, les Alicant, etc....; des vins d'imitation, Madère, Xérès, Porto, Malaga, etc....; des alcools, des eaux-de-vie, des liqueurs et des vinaigres. Cette grande variété de produits est une véritable richesse. Unie à l'abondance et à la modicité des prix, elle a fait de l'Hérault un immense marché fréquenté par les commerçants de tous les pays, parce qu'ils sont toujours sûrs d'y trouver tous les types, tous les genres de vins dont ils peuvent avoir besoin.

Les vins de l'Hérault avaient été divisés, d'après leur qualité, en diverses sections désignées par des dénominations empruntées, comme on le sait, les unes aux cépages dont ils proviennent, les autres à la vieille langue commerciale du Midi. On nous a adressé à ce sujet quelques critiques.

On a prétendu que nos classifications et que leurs dénominations toutes commerciales de *vins de plaine, vins de montagne, vins de coupage* [1] avaient l'inconvénient

---

[1] Cette dénomination de *vins de coupage* a été abandonnée pour celle de *vins de couleur*.

de nous laisser asservir par le commerce, et que nous devrions à l'avenir nous rendre indépendants et prendre une vie propre, en nous faisant connaître comme producteurs de vins alimentaires et de consommation directe, et en adoptant pour y parvenir les noms de *vins de table, vins de ménage.*

Nous répondrons d'abord que nos classifications nous sont imposées par la force des choses, et qu'il n'est au pouvoir de personne de les changer. A quelque point de vue qu'on se place, on ne fera jamais qu'un vin de plaine ne soit pas un type parfaitement différent des montagnes foncés et des vins de couleur. Pour les noms, c'est autre chose ; il est évident qu'on peut les changer tant qu'on veut. Mais quel avantage aurions-nous à quitter des désignations que tout le monde connaît, pour en adopter de nouvelles qui ne seraient comprises de personne et qui ne nous donneraient pas un consommateur de plus ?

Nos vins rouges étaient donc divisés, comme à l'ordinaire, en vins de plaine, montagnes légers, montagnes ordinaires, montagnes foncés, vins de couleur, vins fins ; nos vins blancs, en Terrets-Bourrets, Picpouls, vins blancs secs et vins blancs doux, Muscats ; venaient ensuite les vins de liqueur, d'imitation, les alcools et les eaux-de-vie, les liqueurs et les vinaigres.

VINS ROUGES.

Vins de plaine. — Les vins de plaine sont une conquête récente de notre agriculture ; ils ne datent guère que de l'époque où la culture de l'Aramon prit une grande extension dans l'Hérault, c'est-à-dire de la fin du premier empire. On connaît leur modeste début; vins de chaudière jusqu'au moment où la maladie de la vigne éclata, acceptés pendant la période de disette qui suivit comme pis-aller, comme ressource provisoire, ils sont devenus aujourd'hui des vins de commerce très-recherchés. Il est vrai de dire que l'Hérault n'a rien négligé pour les améliorer; il s'est d'abord appliqué à mieux soigner ses cultures, ses futailles et ses celliers, il cherche aujourd'hui à faire de nouveaux progrès, en introduisant dans les plantations d'Aramon des cépages susceptibles de donner plus de qualité.

Les vins de plaine sont très-abondants dans l'Hérault; ils y dominent par leur nombre et par leur importance tous les autres genres de produits; il en est de même dans quelques cantons du Gard qui sont situés sur les confins. Dans les autres parties de la région, leur production est nulle ou tout au moins très-peu développée.

Nous ferons remarquer à ce propos que les vins de plaine, qui sont si abondants dans l'Hérault, sont les seuls vins rouges de ce département qui proviennent d'un seul cépage, de l'Aramon; tous les autres sont presque toujours produits par un nombre plus ou moins grand de cépages mélangés.

Les vins de plaine n'étaient pas aussi nombreux à l'Exposition qu'ils auraient dû l'être. Les producteurs ne les regardent pas en général comme des vins de concours; ils préfèrent souvent exposer une bouteille d'Alicant ou de Tockay qui n'a aucune importance, et ils laissent de côté le modeste vin rouge qui fait leur fortune depuis trente ans. On ne saurait trop réagir contre cette tendance.

L'Exposition renfermait pourtant quelques bons types dans ce genre de vins ; le plus remarquable était venu de Lansargues : produit par un mélange d'Aramons, d'OEillade et de Mourastel, il aurait presque pu passer pour un montagne léger ; il appartenait à M. Jules Marquès. M. Ulysse Sauvajol, de Lunel, avait exposé un joli vin d'Aramon, qui a chaque année le plus grand succès dans nos expositions. Le vin présenté par M. Nichet, de Gigean, n'était pas moins bien réussi. Ces trois exposants ont obtenu des médailles d'argent.

M. de Mounié, des Aubes ; M. Belugou, de Saint-Pons-de-Mauchien ; Mme des Hours, de Mauguio ; M. Guizard, de Lavérune, ont obtenu des médailles de bronze ; leurs vins étaient bien constitués et de bonne qualité. Une mention honorable a été accordée à M. Argence, de Villeneuve-lez-Béziers.

Nous signalons encore les jolis vins exposés par MM. Bouscaren, Camille Saintpierre et Pargoire, mis hors concours comme membres de la Société d'Agriculture.

Il y avait à l'Exposition, sous le N° 27, un vin léger provenant d'un Aramon situé sur des bords sablonneux du Vidourle, et tellement faible et défectueux quand il est seul, qu'il ne peut pas être vendu au commerce. Ce même vin, mélangé à la cuve avec 1/5 de Mourastel, avait acquis tant de qualité, que le Jury l'avait classé, dans son examen préparatoire, dans la catégorie des échantillons susceptibles d'être récompensés.

Nous signalons ce fait, que nous pourrions corroborer

par beaucoup d'autres, pour montrer que le Mourastel serait un cépage excellent pour améliorer les vins de plaine. Ce plant est malheureusement très-délicat ; il craint l'humidité, les froids de l'Hiver et les retours de sève occasionnés par les gelées du Printemps ; il ne réussit pas beaucoup dans les plaines ; aussi est-il un peu délaissé depuis quelque temps. On lui préfère en général la Carignane, plant plus robuste et plus fertile, qui donne de la fermeté, de la couleur, de la vinosité, mais qui ne donne pas la finesse. Pour obtenir cette dernière qualité, c'est peut-être à l'Alicant qu'il faudrait s'adresser ; mélangé en petite quantité avec la Carignane et avec l'Aramon, il ne communiquerait aux vins obtenus, ni la tendance à la liqueur, ni les reflets jaunâtres qui caractérisent ordinairement ses produits.

Tout le monde connaît nos vins de plaine ; on sait qu'ils sont légers, peu colorés, mais brillants et limpides, et qu'ils contiennent, quand ils sont de bonne qualité, de 9° à 9°,5 p. 100 d'alcool pur. Prêts à être bus quinze jours après la vendange, ils supportent très-bien les voyages et les chaleurs de l'Été. Leur prix, exceptionnellement élevé cette année, n'a pas dépassé 12 ou 13 fr. l'hectolitre.

Pour bien comprendre leur importance et leur rôle commercial, il ne faut pas perdre de vue que les départements du Nord, du Centre et de l'Est produisent de grandes quantités de vins rouges qui sont faibles, légers, peu colorés, et qui ne valent pas nos vins de plaine. Une notable partie de la France consomme les vins inférieurs et n'en boit jamais d'autres. Dans les années favorables, quand ses vendanges sont abondantes et bien réussies, le Nord demande nos vins de plaine, nos vins rouges légers, pour améliorer par des mélanges et pour rendre moins chers les vins dont nous venons de parler. Dans les années défavorables, il en demande encore plus pour suppléer à l'insuffisance de ses produits.

Pour bien juger cette situation, du rôle et de l'avenir des vins de l'Hérault, la Société d'Agriculture avait fait venir de la France, et même de quelques pays étrangers, tels que la Suisse et les bords du Rhin, un certain nombre d'échantillons rouges et blancs appartenant, pour la plupart, à la catégorie des vins ordinaires et à bon marché. La plupart d'entre eux se rapprochaient, par leurs qualités, de nos vins de plaine. Tous ces vins étrangers ont été examinés avec beaucoup d'attention ; leurs prix ont été soigneusement comparés aux nôtres. Nous allons faire connaître, dans la note ci-jointe, le résultat de cet examen [1].

On peut voir, en consultant la note placée au bas de

---

[1] Pour bien comprendre la note qui suit, il faut observer que la plupart des vins que nous allons examiner se vendent par pièce de 228 à 250 litres, et que la valeur du fût, ordinairement comprise dans le prix du vin, est de 9 fr. par pièce.

J'ai une seconde observation à faire. Je n'ai pas pu peser tous les vins dont il va être question ; mais pour avoir une idée approximative de leur force alcoolique, j'ai pesé ou fait peser, à l'appareil Salleron, un certain nombre d'échantillons choisis dans diverses régions. Leur titre alcoolique est exprimé en centièmes. Les personnes qui ont l'habitude de juger la valeur des vins par le poids du 3/6 qu'ils renferment, devront se rappeler qu'un vin pesant cette page, que la plupart de ces vins étrangers étaient inférieurs à nos vins de plaine, au point de vue de la couleur, de la force alcoolique et de la vinosité ; nous

200 livres contient 9°,58 d'alcool pur, et qu'il faut par conséquent près de 21 livres ancien poids pour faire l'équivalent de 1 degré.

Quant aux appréciations qui accompagnent les divers vins étrangers que nous aurons occasion d'examiner, nous devons déclarer qu'elles sont un résumé succinct des impressions éprouvées par la Commission nombreuse qui les dégusta. Cette Commission se composait de plusieurs membres du Jury et d'un grand nombre de membres de la Société d'Agriculture.

Environs de Paris, vins de Suresnes. — Vin clair comme du paillet jaune, peu de vinosité, acidité, filant comme de l'huile, 5°,5 p. 100 d'alcool pur. Prix : 55 fr. les 230 litres nus.

Argenteuil. — Meilleur que le vin de Suresnes, couleur très-faible, peu de vinosité, vert, 6°,7 p. 100 d'alcool pur. Prix : 57 fr. les 230 litres nus.

Orléanais. — 2 échantillons : le premier, léger, peu de vinosité, finesse, couleur claire ; le second, moins fin, ayant un certain goût de terroir. Prix : les 250 litres, fût compris, 120 fr. et au-dessus.

Environs de Blois. — 2 échantillons : le premier, très-vert, de qualité très-inférieure, 45 fr. les 228 litres, futaille comprise ; le second, en fermentation, vert, couleur faible, goût de terroir, 40 fr. les 228 litres, futaille comprise.

Cher. — 2 échantillons venus de Sancerre : le premier, peu agréable, vert, goût de terroir, 54 fr. la pièce de 250 litres, avec fût ; le second, plus droit, jaune, un peu de goût de terroir, 9°,5 d'alcool pur, prix : 58 fr. les 250 litres, fût compris.

Gâtinais, environs de Gien. — Vin léger, jolie couleur de vin de plaine, très-vert. 70 fr. la pièce de 230 litres, fût compris.

Marne. — 2 échantillons : le premier, jolie couleur, très-vert, mais assez fin, 50 fr. l'hectolitre logé ; le second, plus léger que le précédent, moins de vinosité, 30 fr. l'hectolitre logé.

Nièvre. — 13 échantillons, vins très-faibles, très-légers comme devons ajouter qu'ils étaient en général vifs, limpides et brillants, parce qu'ils étaient presque tous très-légers et très-verts. Cette extrême verdeur était quelquefois tellement prononcée, qu'elle devenait un vrai supplice ; je déclare, quant à moi, qu'il m'aurait été aussi impossible de boire quelques-uns de ces vins que de

couleur et comme corps, mais vifs et brillants, excessivement verts, contenant environ 8o,3 p. 100 d'alcool pur, ayant quelquefois de la finesse, ayant d'autres fois un certain goût de terroir. Ces vins sont cotés de 46 à 60 fr. la pièce de 230 litres, fût compris.

Savoie. — Vin destiné à la boisson des ouvriers en Été, couleur très-claire, verdeur et âpreté incroyables. 45 centimes le litre.

Jura. — Vin rouge de 1867, de 16 à 18 fr. l'hectolitre, tournant au jaune, âpre, goût de terroir, 9o,1 p. 100 d'alcool pur.

Alsace. — Jaune, goût de terroir, peu de qualité. 52 fr. l'hectolitre.

Meurthe. — Vin de 1867 mal réussi, mauvaise année. 22 fr. l'hectolitre.

Auvergne. — 2 échantillons d'assez bonne qualité. 26 et 33 centimes le litre.

Bourgogne, côte châlonnaise. — 4 échantillons contenant environ 8o,6 p. 100 d'alcool pur. Ces vins maigres, verts, ayant peu de corps, mais droits de goût, d'une couleur peu foncée, mais vive et brillante, étaient cotés de 56 à 68 fr. les 226 litres, sans futaille.

Environs de Beaune. — 2 échantillons de qualité inférieure, renfermant 7o,9 p. 100 d'alcool pur. De 47 à 48 fr. les 228 litres, sans futaille.

Mâconais. — Vin de Gamay fin, 1867. 75 fr. les 212 litres. Vin un peu léger, vert, assez bon, contenant 9 degrés centésimaux d'alcool pur.

Idem. — 90 fr. les 212 litres. Vin droit, assez de finesse, verdeur, un peu maigre, assez jolie couleur.

Ain. — Vin de qualité inférieure, peu de vinosité, faible, jaune, déjà usé. 70 fr. les 212 litres, fût compris.

mâcher une grappe de raisin au moment de la véraison. Il convient toutefois de faire observer que l'année n'avait pas été bonne pour les vignes du Nord, et que ces mêmes vins, dont la verdeur était insupportable, gagnaient d'une manière extraordinaire, dès qu'on les mélangeait avec des vins du Midi.

Parmi ces vins étrangers à la région, il s'en trouvait quelques-uns qui étaient de qualité supérieure et qui se faisaient remarquer par une certaine finesse et une fraîcheur qui est assez rare dans nos vins du Midi, et qui ne tient pas seulement, comme on pourrait être tenté de le croire, au degré de leur force alcoolique. Nos vins gagneraient d'une manière extraordinaire, s'ils pouvaient acquérir un peu de cette fraîcheur qui leur manque habituellement.

Si après avoir étudié ces vins au point de vue de la qualité, nous portons notre attention sur leur prix, nous voyons que l'avantage est tout entier de notre côté. Nos bons vins de plaine se sont vendus cette année de 12 à 13 fr. l'hectolitre. Ceux que nous venons d'examiner étaient cotés de 18 à 20 fr. quand ils étaient de qualité inférieure, ils arrivaient jusqu'à 45 et 50 fr. quand ils étaient bons. On peut voir par là quel serait le rôle de nos vins de plaine, s'ils n'étaient pas obligés de supporter tant de frais avant d'arriver dans les grands centres de consommation.

Montagnes légers. — On récolte ordinairement les montagnes légers sur les terrains un peu élevés, qui ne sont plus la plaine et qui ne sont pas encore les coteaux.

Plusieurs cépages peuvent les produire ; l'Aramon est un de ceux qui entrent le plus fréquemment dans leur composition.

Les montagnes légers, dont la richesse alcoolique est de 10º à 10º,5 centésimaux d'alcool pur, et dont la coloration [1] pourrait être représentée par 2 quand celle des plus petits vins de plaine serait 1, sont les vins qui conviennent le mieux pour la consommation courante, pour les besoins de chaque jour. Ce sont ceux que les propriétaires du Midi gardent de préférence pour leur usage personnel ; quand ils proviennent d'un bon sol et de cépages bien choisis, ils acquièrent une grande distinction. Les terrains accidentés des environs de Montpellier leur conviennent à merveille et en produisent d'excellents.

Ce qu'il faut chercher à éviter avant tout dans les montagnes légers et dans toute la série des vins de montagne, c'est le goût de terroir, saveur plate et commune qu'il est plus facile de reconnaître que de définir ; ce qu'il faut chercher, au contraire, à développer en eux, c'est la finessse, la distinction, et si c'était possible, la fraîcheur.

Le prix de ces vins a été cette année de 15 à 16 fr. l'hectolitre.

Les montagnes légers se prêtent à une foule d'usages. Dans le Nord, on les vend directement à la clientèle

---

[1] Pour déterminer l'intensité de la couleur des vins, nous avons eu recours au colorimètre, et nous avons pris pour unité un vin de plaine de l'Hérault qui était fort peu coloré.

bourgeoise, ou bien on les mêle avec les bons vins du pays pour en diminuer le prix ; souvent on les emploie pour donner de la qualité et de la force aux petits vins qui en manquent. Dans le Midi, ils sont en général consommés ou expédiés en nature ; on les fait entrer très-souvent, au moyen de différents coupages, dans la composition de plusieurs genres de vins.

Les montagnes légers ne sont pas aussi exclusivement propres à l'Hérault que les vins de plaine ; mais c'est encore dans ce département qu'on en trouve le plus. Ils étaient très-nombreux et très-bien représentés à notre Exposition.

La médaille d'or a été donnée, dans cette section, à un vin très-connu dans les environs de Montpellier, au vin de Grammont, qui contenait 10°,8 centésimaux d'alcool pur, et qui avait plus de deux fois la couleur des petits vins de plaine. Au point de vue de la couleur, il aurait pu figurer dans la catégorie des montagnes ordinaires, il était très-bien constitué et distingué. MM. Massane, de Montpellier, et George Bernard, de Clermont-l'Hérault, ont obtenu des médailles d'argent.

Des médailles de bronze ont été accordées à M. Amadou, maire de Lavérune ; Audemar-Atger, de Castries ; Charles Lugagne, de Clermont ; Louis Langlade, à Roujan ; au duc de Castries, à M. Westphal-Castelnau pour un vin de 1862 très-bien conservé ; tous les vins présentés par ces exposants étaient de fort bonne qualité. MM. Alfred Bouscaren, du Terral ; d'Albénas, à Loupian ; Henri Bouschet, à Clermont-l'Hérault, ont été mis hors concours comme membres de la Société.

Si nous jetons les yeux sur la liste des vins étrangers [1] que la Société d'Agriculture avait exposés, nous en trouvons un assez grand nombre qui pouvaient être rangés dans la catégorie de nos montagnes légers; la plupart d'entre eux ne valaient pas les nôtres, quoiqu'ils fussent tous d'un prix plus élevé. Quelques-uns pourtant ne manquaient pas de mérite et pouvaient même être considérés comme des vins de table, comme des vins fins; leur prix, dans ce cas, s'élevait à 40 fr. l'hectolitre et même au-delà. Ces vins avaient surtout de la distinction, de la finesse et

[1] *Mâconnais.* — Vin de Gamay fin, 1865. 120 fr. la pièce de 212 litres. Bon vin, agréable.

Idem. — 110 fr. la pièce. Vin déjà usé, assez bon.

Idem. — 130 fr. la pièce. Vin un peu usé, sec, assez bon. **Les** vins du Mâconnais vieillissent peu.

Idem. — Petit Gamay, 1867. 30 fr. l'hectolitre. Vin vert, assez bon, un peu maigre.

Idem. — Vin de 1867. 60 fr. la pièce de 215 litres. Petit vin, maigre, goût d'herbe, vert, mais assez passable.

Beaujolais. — Gamay fin de 1867. 3 échantillons : 2 du prix de 85 fr. les 212 litres, fût compris; le 3e valant 100 fr. Bons vins, finesse, délicatesse, jolie couleur, bonne vinosité; l'un d'eux avait pourtant un peu perdu. Ces vins, fort distingués, auraient très-bien pu figurer dans la catégorie des vins de table et des vins fins; ils avaient, entre autres mérites, beaucoup de fraîcheur. 2 autres échantillons venus de Briante, dans le Beaujolais, sans aucune indication de prix, se recommandaient par les même qualités; ils étaient vraiment fort distingués.

Loir-et-Cher. — 6 échantillons, valant de 50 à 80 fr. les 256 litres, fût compris. Ces vins étaient maigres, verts, toujours en fermentation. L'un d'eux, du prix de 80 fr. la pièce, était un assez bon vin et avait une assez jolie couleur.

Orléanais. — 2 échantillons, valant de 120 à 150 fr. les 250 litres, fût compris. L'un d'eux, de la récolte de 1865, était un bon de la fraîcheur; les nôtres se faisaient remarquer par plus de corps, plus de force, plus de vinosité. Nous ferons observer que les vins du Nord, ceux dont nous venons de parler comme les autres, manquent en général de solidité et supportent fort mal le climat de nos pays. La plupart d'entre eux fermentent avec une facilité et une persistance déplorables. Nous avons eu l'occasion de le constater bien souvent pendant la durée de l'Exposition.

Vɪɴs ᴅᴇ ᴍᴏɴᴛᴀɢɴᴇ ᴏʀᴅɪɴᴀɪʀᴇs. — Les montagnes ordinaires se distinguent des vins de montagne légers par plus de corps, plus d'alcool, plus de couleur. C'est par eux que

vin, ayant du moelleux, de la finesse et une jolie couleur; l'autre, de 1867, était inférieur au précédent.

Côte châlonnaise. — 2 échantillons vins de Gamay 1865 : le premier, coté 60 fr. les 226 litres nus, était commun, vert et astringent; le second, provenant du Noirien (Pinot) et coté 80 fr. les 226 litres nus, avait du corps, de la vinosité, mais il manquait de finesse.

Charente 1867. — Vin droit, léger, couleur ordinaire, assez astringent, ne contenant que 7°,9 p. 100 d'alcool pur. 19 fr. 50 c. l'hectolitre.

Vins du Rhin. — Nous mettrons dans la catégorie des montagnes légers 3 échantillons de vins du Rhin qui ne leur ressemblent guère, mais qui ne seraient pas mieux placés ailleurs.

Vin de Bade 1866 *ou des environs de Kelh.* — 965 fr. les 1200 litres. Vin doux, simple, décoloré, peu distingué, quoique assez bon.

Vin des environs de Mayence 1866. — 90 centimes le litre. Vin madérisé, plus vieux que son âge, assez bon, assez chaud.

Rheïngau 1866. — Raisin de Bourgogne. 1,070 fr. les 12,000 litres. Bon vin, distingué, conservé et fin.

commence la série des vins que le Nord trouve trop capiteux, et qu'il refuse, par ce motif, d'accepter comme vins de consommation directe. Les populations méridionales, plus habituées aux vins généreux, ne craignent pas de les consommer en nature. Le véritable rôle de ces vins dans le Nord est de servir d'auxiliaires pour les vins défectueux et trop légers. Dans le Midi, ils constituent le type qui convient le mieux pour les expéditions maritimes et pour les fournitures des armées de terre et de mer. Le commerce les fait entrer dans une foule de coupages.

Les bons montagnes ordinaires doivent avoir de la fermeté, du corps, une bonne constitution, 11 à 12 degrés d'alcool et une couleur proportionnelle ; ils doivent en même temps n'avoir ni mollesse, ni liqueur, ni goût de terroir. Leur prix a été cette année de 17 à 18 fr. l'hectolitre.

Ces vins étaient si nombreux et si bien représentés à l'Exposition, que le Jury a été souvent très-embarrassé pour faire un choix et pour donner les récompenses.

Une médaille d'or a été donnée, dans cette section, à Mᵐᵉ Connes, de Saint-André-de-Sangonis. Son vin avait plus de 11 degrés d'alcool, deux couleurs et demie ; il était en même temps franc et suffisamment distingué.

La commune de Saint-André-de-Sangonis fournit depuis plusieurs années, à nos expositions, de beaux vins de montagne ordinaire. Son territoire, situé au confluent de l'Ergue et de l'Hérault, et constitué par leurs alluvions, paraît convenir beaucoup à ce genre de produit. L'Hérault lui amène des dépôts calcaires et granitiques ;

l'Ergue, des dépôts ferrugineux, venus des Ruffes et des pierres volcaniques venues de plus haut. Les cépages que l'on y cultive le plus sont l'Aramon, le Terret, les Carignanes et les Mourastels. Cette commune a, de plus, l'avantage d'être administrée par un maire très-actif et très-intelligent, qui sait mettre ses produits en lumière.

Puisque nous venons de parler de la commune de Saint-André et du rôle qu'elle a joué depuis quelques années dans nos concours vinicoles, on nous permettra de rappeler ici que les communes de Clermont-l'Hérault, de Magalas et de Servian avaient organisé avec beaucoup d'intelligence et de soins des expositions collectives qui ont été fort remarquées par le public et très-appréciées par le Jury. Nous faisons les vœux les plus sincères pour que ces bons exemples trouvent à l'avenir des imitateurs.

Les deux médailles d'argent de cette section ont été obtenues, l'une par un autre vin de Saint-André appartenant à M. Martin Pegurier, l'autre par M. le comte de Turenne, de Pignan. Les vins de ces deux exposants étaient de très-bonne qualité.

Nous renvoyons pour les autres récompenses à la liste générale des prix.

Les vins étrangers exposés par la Société d'Agriculture ne renfermaient que six échantillons susceptibles d'être comparés à nos montagnes ordinaires. Deux étaient venus de la Charente ; leur prix était peu élevé, puisqu'il n'était que de 20 fr. l'hectolitre ; mais leur qualité était fort médiocre ; le meilleur des deux était raide, âpre et sec, l'autre commençait à se piquer; leur couleur était vive et jolie. Les échantillons restants étaient fort remarquables, mais leur prix était très-élevé. C'étaient la Gironde, le Lot et le Lot-et-Garonne qui les avaient envoyés [1].

Vins de montagne foncés. — C'est le vin de M. de Marveille, domaine des Vautes, commune de Saint-Gély-du-Fesq, qui a eu, dans cette section, la médaille d'or. Ce vin, bien constitué, ferme, moelleux et en même temps très-distingué, avait plus de 4 couleurs et près de 12 degrés d'alcool pur; c'était un beau type de montagne foncé. Deux médailles d'argent ont été décernées, l'une à M. Victor Plauzolles, de Servian, l'autre à M. Léon Bouisson, de Saint-André-de-Sangonis; leurs vins étaient beaux et bien réussis. Nous renvoyons pour les autres récompenses à la liste générale des prix, en faisant observer que cette section renfermait quelques vins

[1] *Gironde.* — Palu d'Ambès 1867. 300 fr. le tonneau de 880 litres logés. Cépages : Merlot, Noir de Pressac et Gros-Verdot. Jolie couleur pas trop foncée; vin droit, agréable, bien constitué et frais.

Idem. — Palu de Libourne 1867. 400 fr. le tonneau logé. Cépages : Malbec, Noir de Pressac, Cabernet. Jolie couleur, corps, bonne vinosité, beaucoup de fraîcheur et de moelleux.

Lot-et-Garonne. — Bujet 1867. 275 fr. le tonneau rendu à Bordeaux. Cépage : Chalosse noire. Jolie couleur, vin droit et moelleux.

Lot. — Cahors 1867. 300 fr. le tonneau rendu à Bordeaux. Cépage : l'Auxerrois ou Côt. Belle couleur, vin rond, plein, fraîcheur et bon goût.

vieux bien conservés ; nous signalerons, parmi ces derniers, celui de M. le comte de Turenne, de Pignan.

Les montagnes foncés sont trop riches, trop capiteux, pour pouvoir être des vins de consommation ordinaire. Dans le Nord, comme dans le Midi, ils servent au coupage des vins. Quand ils sont de bonne qualité, quand ils ont du corps, de la finesse et du moelleux, ils entrent dans la composition des Porto français, et servent à la préparation des vins connus dans le commerce sous le nom de *vins de chargement*. Il n'y a pas de cépage particulier qui les produise, comme tous les autres vins de montagne, ils proviennent toujours de plusieurs espèces de raisins mêlés ensemble.

L'importance commerciale des montagnes foncés et de tous les autres vins de montagne tend à s'accroître tous les jours. Quand les transports étaient lents et d'un prix très-élevé, le commerce recherchait avant tout les gros vins très-alcooliques et très-colorés ; de petites doses lui suffisaient donc pour faire ses coupages et pour améliorer les vins inférieurs ; il économisait des frais de transport. Depuis l'établissement des chemins de fer, d'autres tendances se manifestent ; les vins de montagne sont plus recherchés ; ils coûtent moins cher que les gros vins, et on peut par conséquent, pour le même prix, en verser une quantité plus grande dans les vins qui ont besoin d'être renforcés. Les montagnes donnent en général, dans les coupages, des vins plus brillants, moins lourds, moins épais que ceux que l'on obtient avec les gros vins de couleur. Les montagnes foncés ont valu, cette année, 20 ou 21 fr. l'hectolitre ; ils étaient très-nombreux et fort bien représentés à l'Exposition.

Vins de couleur. — Les vins de couleur ont une grande importance commerciale et agricole dans notre région. C'est presque toujours chez elle que le commerce de tous les pays va chercher les beaux vins alcooliques et colorés dont il se sert pour améliorer, soutenir et faire vivre les vins défectueux et mal constitués. Quand ils sont de qualité supérieure, quand ils ont de la finesse et du moelleux, les vins de couleur ont un autre emploi, ils deviennent la base des Porto français. Quelle que soit leur destination, ces vins doivent être toujours fermes et bien constitués; ils doivent avoir en même temps beaucoup de couleur, beaucoup d'alcool et beaucoup de corps, afin de pouvoir donner ces qualités aux vins qui ne les ont pas.

Ce qu'il faut éviter chez eux, c'est le goût de terroir et la liqueur, qui est ordinairement un défaut, mais qui devient, dans certains cas, une qualité précieuse. Elle est un défaut pour les vins destinés à être coupés avec certains produits du Nord, car elle donne souvent lieu, dans ce cas, à des fermentations dangereuses. Elle est, au contraire, une qualité dans les beaux vins moelleux et riches qui doivent servir pour la préparation des vins d'imitation. Les Roussillon sont souvent dans ce cas.

L'Hérault a deux grands centres de production pour les vins de couleur : Cers dans l'arrondissement de Béziers, Villeveyrac dans l'arrondissement de Montpellier. Le premier de ces vins manquait complétement à notre Exposition; le second n'était représenté que d'une manière insuffisante.

Le plus beau vin exposé dans cette section appartenait à **M.** Duvergé, maire de Saussan ; produit par un mélange de Mourastel et de Grenache, il avait 5,5 couleurs et 14 degrés d'alcool pur ; les plus beaux Roussillon n'en avaient pas davantage et ne valaient pas mieux que lui. Quoiqu'il fût exceptionnel, ce vin nous montre que l'Hérault pourrait, s'il le voulait, produire des vins de couleur tout à fait remarquables. Les bons terrains ne lui manqueraient pas ; ce ne serait pour lui qu'une question de cépages. Mais l'Hérault est engagé dans une autre voie, et il ne paraît pas disposé à en sortir.

Le Midi a quatre cépages qui lui donnent ses vins de couleur : le Mourastel, l'Espar, la Carignane et l'Alicant ; nous avons déjà parlé du Mourastel, cépage très-distingué, mais très-délicat et fort peu répandu dans la région ; il n'est guère cultivé que dans l'Hérault, où il est la base ordinaire des vins de couleur. Nous parlerons des Espars, des Grenaches et des Alicants, quand nous examinerons les vins exposés par les autres départements.

Il existe un cinquième cépage très-coloré, dont les produits ont fait depuis quelque temps leur apparition dans nos expositions ; je veux parler du Teinturier. Ce cépage n'est pas originaire de notre région ; il est peu fertile et il donne des vins plats, très-peu alcooliques, mais excessivement colorés et n'ayant jamais le goût de terroir. C'est une qualité très-précieuse pour les consommateurs du Nord, qui reprochent aux gros vins du Midi d'avoir trop souvent cette saveur désagréable qu'ils craignent tant. Le Teinturier a un autre avantage, il se plaît assez dans les terres basses et fertiles des plaines, il s'y comporte d'autant mieux, qu'il mûrit plus tôt que l'Aramon. Nos cépages colorés ont ordinairement l'inconvénient de ne se plaire que sur les terrains un peu élevés.

Nous n'avons trouvé, dans les vins exposés par la Société d'Agriculture, qu'un seul échantillon qui pût être comparé à nos vins de couleur.

Ce vin, venu du Loir-et-Cher, était vert et mal constitué : il a été toujours en fermentation. Pesé jusqu'à trois fois à l'appareil Salleron, il n'a jamais pu donner 6 degrés d'alcool pur. Sa couleur était très-foncée, mais toujours un peu louche ; faute de limpidité, il n'a pas pu être soumis au colorimètre. Tous ces graves défauts n'empêchaient pas ce vin d'être coté 80 fr. la pièce de 250 litres, fût compris, ce qui porte l'hectolitre à 29 ou 50 fr. Les beaux Roussillon n'étaient pas plus chers cette année.

Le beau vin de **M.** Duvergé n'a obtenu qu'une médaille de vermeil. S'il n'a pas eu une médaille d'or, ce n'est pas qu'il n'en fût pas digne, mais les échantillons exposés ne représentaient que 28 hectolitres, et le Jury a pensé qu'il n'avait devant lui qu'un vin d'exception. Des médailles d'argent ont été décernées à **M. Poujol**, d'Olonzac, pour un vin un peu plat, mais fort beau de couleur, et à **M.** Beauclair Irénée, de Clermont. **M.** Pierre d'Espagnac, de la même ville ; **M.** Paul Gervais, de Fabrègues, ont obtenu des médailles d'argent. Nous devons signaler encore les vins de Villeveyrac de **M.** Cazalis de Fondouce, qui ont été mis hors concours comme membre de la Société, et celui de **M.** Auguste Porçon, de Béziers, qui a obtenu une mention honorable.

Vins fins. — L'Hérault a eu de tous temps et sur tous les points de son territoire des vins doués de beaucoup de finesse. Il pourrait, s'il le voulait, en avoir plus qu'il n'en a ; ce ne serait pour lui qu'une question de cépage. Mais il trouve plus de profit à produire des vins ordinaires ; le commerce les recherche davantage et les achète à des prix plus rémunérateurs. Ces préférences du commerce prouvent, en définitive, que la société française a, de notre temps, plus besoin de vins ordinaires que de vins fins.

Saint-George-d'Orques et les communes environnantes, Saint-Drézéry et Saint-Christol sont les crus de l'Hérault les plus renommés pour la production des vins fins. Saint-Christol n'était pas représenté à l'Exposition, Saint-Drézéry l'était peu, Saint-George ne l'était pas assez. Les crus qui ont un nom n'aiment pas, en général, les concours ; une récompense ajoute peu à leur réputation, un échec est pour eux une blessure.

Saint-George avait pourtant envoyé quelques bons échantillons. M. Ferouillat, de Bellevue, près Saint-George, a obtenu dans cette section une médaille de vermeil. Son vin, composé par tiers d'OEillade, d'Aspiran et de Terret noir, était fin, agréable et délicat ; il manquait un peu de corps et de couleur. Celui de M. Rouvier, de Saint-George, en avait davantage, mais il était moins fin ; il n'a eu qu'une médaille d'argent. Les vins de MM. de La Roque, Léon Coulet, Granel, d'Olonzac, et Courty, de Saint-George, ont obtenu diverses récompenses. Tous ces vins auraient été encore meilleurs s'ils avaient eu moins de chaleur et plus de délicatesse.

On voudra bien remarquer que certains vignobles ont un cépage spécial qui leur donne une qualité de vin constante et déterminée. La Bourgogne a le Pinot, l'Hermitage la Petite Syrah. L'Hérault n'est pas dans ce cas ; tous ses vins rouges, sauf les vins de plaine, proviennent de diverses combinaisons de cépages. Les vins fins ne font pas exception à cette règle. On peut dire pourtant qu'ils ont presque toujours pour base, dans l'Hérault comme dans le Gard, le Terret noir, cépage froid, qui mûrit tard et mal dans la plaine, et qui ne donne, dans ce cas, que des vins dépourvus de mérite, d'alcool et de couleur. Ce même cépage, échauffé par le sol des coteaux, produit des vins doués de finesse et susceptibles de prendre du bouquet. C'est le cépage des vins fins.

On a beaucoup essayé, dans ces derniers temps, de cultiver les cépages étrangers qui produisent des vins renommés, notamment le Pinot ; aucun résultat décisif n'a été encore obtenu. MM. Henri et Léon Marès avaient exposé des vins faits avec ce cépage et très-bien réussis. Ces vins étaient très-riches, très-parfumés ; on pourrait presque dire qu'ils l'étaient trop pour des vins de consommation courante. Le Pinot produit toujours très-peu dans le Midi, et les vins qu'il donne sont difficiles à faire et plus difficiles encore à conserver ; un rien les fait aigrir ou les fait tourner.

Il y avait, à l'Exposition, d'autres échantillons analogues et provenant, comme ceux-là, de cépages étrangers à la région ; nous ne citerons que ceux de M. Delhon, de Puissalicon. Ses vins, produits par le Malbec, cépage du Bordelais, étaient riches et généreux ; mais ils étaient raides et manquaient de finesse. Les vins vieux faits avec ce cépage valaient mieux que les vins nouveaux. Le Malbec est bien un élément des vins de Bordeaux, mais il n'est pas celui qui contribue le plus à leur donner de la délicatesse. Tous ces essais de cépages, tous ces efforts ne resteront pas infructueux.

Nous avons trouvé, dans les vins reçus par la Société d'Agriculture, des vins de la Gironde qui valaient 40 fr. l'hectolitre et qui avaient beaucoup de finesse et de distinction. Nos Saint-George, mis à côté, ont conservé toutefois tout leur mérite ; mais il faut bien reconnaître qu'ils n'avaient pas la fraîcheur qu'on trouvait dans les premiers. Les vins du Beaujolais que nous avons dégustés étaient dans le même cas ; moins riches, moins généreux que nos vins, ils étaient plus fins, plus agréables, plus délicats ; ils avaient surtout cette fraîcheur dont le charme est infini.

VINS BLANCS.

TERRETS-BOURRETS. — Nous avons eu l'occasion de constater plus haut que les vins rouges de l'Hérault provenaient presque toujours de divers mélanges de cépages, et qu'il n'y avait d'exception à cette règle que pour les vins de plaine ; encore avons-nous été obligés de reconnaître que ces vins, produits jusqu'à ce jour par l'Aramon, commencent à être modifiés par l'introduction d'éléments nouveaux. Nous allons voir tout le contraire dans la série des vins blancs ; les Terrets-Bourrets, les Picpouls, les Muscats, ne proviennent les uns et les autres que du cépage dont ils portent le nom. Les vins blancs produits par la Clairette et par le Picardan sont les seuls qui fassent exception.

Les Terrets-Bourrets sont dans la famille des vins blancs ce que les vins de plaine sont dans la famille des vins rouges. Ils sont comme eux très-abondants dans l'Hérault et très-peu répandus dans le reste de la région. Leur prix est peu élevé ; ils n'ont valu cette année que 13 ou 14 fr. l'hectolitre. Les Terrets-Bourrets ont une constitution très-solide ; ils ne tournent presque jamais ; ils ont en même temps assez de finesse, et sont tout à fait dépourvus de bouquet. Ce défaut devient chez eux une véritable qualité qui leur permet de se mêler à tous les vins, sans altérer leur goût, leur arome, leur bouquet particulier.

Grâce à cet ensemble de qualités, grâce surtout à leur prix de vente peu élevé, nos Terrets-Bourrets pénètrent dans tous les pays, et se prêtent partout à une foule d'usages. On les boit en nature, on les mêle à tous les vins blancs pour augmenter leur qualité ou pour les rendre moins chers, on les fait entrer dans une foule de combinaisons et de mélanges, dans la composition des vins mousseux et dans la fabrication des vermouths, et même dans la préparation de certains vins d'imitation à bon marché. Le Bordelais, les départements du Centre et de l'Est, l'Alsace, l'Allemagne et la Suisse sont les pays qui en demandent le plus.

Un bon Terret-Bourret doit contenir 10 degrés au moins d'alcool pur. Sa couleur devrait, en bonne règle, être très-légèrement ambrée ; mais le commerce donne la préférence à ceux qui sont tout à fait incolores et presque blancs.

L'Exposition n'était pas très-riche en vins de cette nature; comme les vins de plaine, les Terrets-Bourrets ne sont pas considérés par la plupart des producteurs comme des vins de concours. La médaille d'argent a été donnée dans cette section à M. Jean Serre, d'Adissan; son vin avait beaucoup de finesse. Mme des Hours, commune de Mauguio, M. Audouard, de Marseillan, ont obtenu des médailles de bronze; MM. Jaume et Déjean, de Popian, des mentions honorables. MM. Bouscaren et Coste, membres de la Société d'Agriculture, avaient exposé des Terrets-Bourrets très-appréciés.

Sur 37 échantillons de vins blancs que la Société d'Agriculture avait reçus, il fallait en distraire 2 qui étaient mousseux, 5 qui étaient venus des bords du Rhin et de la Moselle, et qui avaient le caractère particulier des vins de ces pays, 4 ou 5 qui étaient venus de la Bourgogne et qui étaient d'un prix très-élevés; tous les autres pouvaient rentrer dans la catégorie de nos Terrets-Bourrets. Sauf quelques exceptions que nous allons signaler, aucun d'eux ne valait notre modeste vin blanc; la plupart étaient faibles, sans corps, et d'une verdeur poussée parfois au-delà de toutes les limites. Leur prix variait, suivant leur qualité, de 16 à 50 fr. l'hectolitre. On peut consulter, pour de plus amples renseignements, la note insérée au bas de la page [1].

[1] *Suisse*. — La Côte. Vin blanc de Chasselas. 50 à 55 centimes le litre. Vin léger, fin, agréable et distingué.

Nous devons signaler ici, comme dignes d'éloges, des vins blancs d'Alsace qui avaient beaucoup de finesse, mais qui manquaient de corps et de maturité; ils étaient cotés 21 et 26 fr. l'hectolitre; mêlés dans la tasse avec nos Terrets-Bourrets, ils perdaient leur verdeur trop

Lavaur. — 50 centimes le litre. Vin fin, moelleux, goût de fruit agréable.

La Côte 1865. — Vin plus maigre, moins fin que les précédents.

Gâtinais. — 45 fr. la pièce de 228 litres, fût compris. Verdeur inimaginable.

Jura. — Vin mousseux de l'*Étoile*, 30 à 35 fr. l'hectolitre, **sans fût. Bon vin.**

Marne. — 3 échantillons valant 40, 45 et 50 fr. l'hectolitre logé. Vins verts, peu agréables, l'un d'eux assez droit de goût.

Nièvre. — 4 échantillons différents valant de 45 à 50 fr. les 230 litres. Vins moisis, sans qualités.

Alsace. — 2 échantillons cotés 21 et 26 fr. l'hectolitre. Vins droits, légers, se buvant bien.

Sologne. — 3 échantillons cotés 30, 40 et 75 fr. la pièce. Verdeur intolérable.

Bordelais. — Vin blanc de Cubzac, peu réussi, peu agréable.

Bourgogne. — Vin de Tournus. 48 fr. les 215 litres, fût compris. Vin peu recommandable.

Côte châlonnaise. — 6 échantillons valant de 58 à 80 fr. les 228 litres, fût compris. Vins légers, verts, maigres, généralement assez droits.

Environs de Beaune. — 56 fr. 50 c. la pièce en gare de Beaune. Vin agréable, bonne sève, mais léger et vert.

Mâcon. — Vin de Pinot blanc, 40 fr. l'hectolitre. Bon vin, finesse, mais fermentation.

Pouilly. — Vin de Pinot 1867. 100 fr. l'hectolitre. Bon, fin, bonne qualité.

Idem 1865. 150 fr. l'hectolitre. Bon vin, finesse, corps, vinosité.

Idem 1864. 150 fr. l'hectolitre. Bon vin, beaucoup de qualités.

prononcée , et devenaient aussitôt des vins très-agréables à boire.

Nous devons signaler encore 2 échantillons de vins blancs suisses cotés 50 fr. l'hectolitre. Ces vins ressemblaient à nos Bourrets d'une manière extraordinaire ; ils avaient plus de finesse , mais moins de corps et d'esprit. Il n'est pas étonnant que la Suisse demande et consomme de si grandes quantités de Terrets-Bourrets ; elle retrouve en eux les vins qu'elle produit elle-même ; le moindre coupage doit lui suffire pour faire disparaître complétement toute différence.

Les vins de Fuissé et de Pouilly qui figuraient sur la liste des vins exposés par la Société d'Agriculture , ne pouvaient pas être comparés avec nos Bourrets ; c'étaient des vins d'une autre nature ; leur prix suffit pour le faire comprendre. Produits par le Pinot blanc , cotés 100 et 150 fr. l'hectolitre , ils avaient du corps , de la finesse , du bouquet ; ils étaient en même temps coulants et faciles à boire. Les vins blancs faits avec le Pinot blanc sont partout excellents.

Fuissé. — Pinot blanc. 100 fr. les 106 litres. Bon vin, sec , ayant de la vinosité.

Vins du Rhin. — Vin de Moselle 1867. Cépage Riesling. 570 fr. les 1,000 litres, fût compris. Bon vin.

Vin du Palatinat. — 770 fr. les 1200 litres. Goût de silex , vin maigre, un peu commun.

Forster. — 1,030 fr. les 1200 litres. Cépage Riesling. Bon vin , bouquet des vins du Rhin, goût de muscat.

Rheïngau. — 750 fr. les 1200 litres, fût compris. Cépage Riesling. Bon vin, moins de corps que le précédent, goût de silex.

Vin de Hesse. — 75 centimes le litre. Cépage Riesling. Bon vin, ayant le bouquet que donne ce cépage.

Les vins du Rhin et de la Moselle compris dans la même exposition avaient, comme nous l'avons déjà dit, le caractère particulier et bien connu des vins de ce pays; ils n'avaient pas beaucoup de rapports avec nos Terrets-Bourrets.

Nous ne pousserons pas plus loin cette analyse, et nous n'ajouterons plus qu'un seul mot : quand on a pu comparer, comme nous l'avons fait, les petits vins blancs étrangers à ceux que nous produisons, quand on a pu constater la différence qui existe entre eux, au point de vue de la qualité et du prix, on se rend facilement compte de l'utilité de nos Bourrets et du grand rôle qu'ils jouent et qu'ils joueront longtemps encore dans le commerce des vins.

PICPOULS. — Les Picpouls, comme les Terrets-Bourrets, ne se trouvent en quantités considérables que dans le département de l'Hérault. Produits par le cépage dont ils portent le nom, doués de beaucoup de finesse et de beaucoup de bouquet, ils sont susceptibles d'acquérir, en vieillissant, des qualités très-distinguées, et de devenir des vins de table de haut mérite. Leur richesse alcoolique est ordinairement de 11 à 12 degrés centésimaux; elle va souvent au-delà. Les échantillons exposés par M. Cabanis, de Cournonterral, arrivaient à 15 degrés. Leur prix de vente a été cette année de 18 à 20 fr. l'hectolitre.

Les Picpouls ont des usages très-variés. Ils sont consommés comme vins de table; ils servent à améliorer les vins blancs des autres pays. Beaucoup sont employés pour la fabrication des vermouths et pour la préparation de certains vins d'imitation. Ces deux dernières destinations sont celles qu'ils reçoivent le plus fréquemment.

Le département de l'Hérault produit des Picpouls très-appréciés ; les plus fins, les plus estimés, sont ceux qui viennent de Marseillan, de Pinet, d'Adissan et des lieux environnants. Le commerce les paie ordinairement plus cher que ceux qui ont une autre provenance.

L'Exposition n'était pas aussi riche en vins de cette nature qu'elle aurait dû l'être. Les meilleurs échantillons exposés étaient ceux de M. Vernhes, de Magalas. Le Jury leur a donné une médaille d'argent. M. le marquis de Turenne, M. Lucien Cabanis, de Cournonterrral, ont obtenu des médailles de bronze. Une mention honorable a été accordée à M. Gaujal, de Pinet. Nous devons citer avec éloge le Picpoul de M. Félix Dupin, mis hors concours comme membre de la Société.

Vins blancs secs, vins blancs doux. — Le Picardan ou Œillade blanche et la Clairette sont les deux cépages qui produisent tous les vins blancs; la Clairette tend à dominer dans les plantations nouvelles, parce qu'elle est plus fertile et qu'elle conserve mieux son fruit à l'époque de la maturité. Quand on laisse mûrir les raisins jusqu'à ce que les moûts marquent plus de 18 degrés glucométriques, on obtient des vins dont la fermentation n'est jamais complète et qui restent toujours liquoreux. On peut remplacer cette maturité excessive et faire des vins doux en versant du 3/6 dans les moûts et en empêchant, par ce moyen, la fermentation de se développer. Cette manière de procéder peut être quelquefois avantageuse au point de vue des bénéfices du propriétaire ; ce n'est pas celle qui donne les bons vins.

Pour obtenir les vins blancs secs, on emploie les mêmes cépages, mais on les laisse moins mûrir et on n'arrête pas la fermentation.

L'Hérault est, dans notre région, le plus grand centre de production pour les vins blancs doux et pour les vins blancs secs ; ceux que l'on récolte à Marseillan, à Adissan et dans la vallée de l'Hérault sont les plus estimés.

Les vins blancs sont consommés quelquefois comme vins de table, comme vins de dessert ; quelques-uns sont exportés ; il servent le plus habituellement à la préparation des vins d'imitation ; ils sont la base obligée des Madère, des Xérès, etc.... que la ville de Cette livre à la consommation.

M. Audouard, de Marseillan, a obtenu une médaille d'argent dans la section des vins blancs secs. Une médaille de bronze a été donnée à Mme Des Hours, à Mauguio. Des mentions honorables ont été accordées à MM. Déjean, de Popian, et Léonard Bonnet, de Marseillan. On a beaucoup remarqué, dans cette section, un vin blanc de M. H. Marès fait avec des Pinots blancs. Ce vin hors ligne pouvait être comparé aux meilleurs crus de la Bourgogne.

L'Exposition des vins blancs doux renfermait un vin tout à fait remarquable ; c'était M. Genyeis, d'Adissan, qui l'avait exposé. Ce beau vin avait tout pour lui : l'arome, la richesse, la finesse, le goût du fruit ; il ne laissait rien à désirer. Le Jury n'a pas hésité à lui donner une médaille d'or. C'était un des meilleurs vins de l'Exposition. Il avait à côté de lui deux autres vins blancs qui ont obtenu des médailles d'argent : celui de M. Gabriel Arnaud, d'Adissan, qui avait un peu le goût de cuit, et celui de M. Audouard, de Marseillan, qui sentait un peu le 3|6. Une médaille de bronze a été décernée à M. Desfours, de Ganges. Des mentions honorables ont été accordées à M. Gabriel Arnaud, d'Adissan, et à M. Arnal, d'Aspiran.

Vins de liqueur. — On avait placé à côté des vins blancs les vins de Tokay, d'Alicant, etc., qui étaient en assez grand nombre. Ces vins n'ont pas une grande importance commerciale ; ils ne donnent pas lieu à de grandes transactions, mais ils ont l'avantage d'initier les populations agricoles à l'art si difficile de faire, de soigner et de conserver les vins.

M. Delhon, de Puissalicon, et M. Jayet, de Lunel, ont obtenu des médailles d'argent, le premier, pour un vin d'Alicant ; le second, pour un vin de Tokay. Des médailles de bronze ont été accordées à M. Leignadier, de Puissalicon, pour un vin blanc doux. M. Bérard, de Lunel, a eu une mention honorable pour son vin de Tokay.

M. Bertrand, l'infatigable vétéran de nos concours, a obtenu un rappel de médaille de vermeil pour sa collection de vins de Madère, de Xérès, de Malaga, etc.

Muscats. — Les vins Muscats avaient autrefois toutes les faveurs du public, et les viticulteurs enviaient le bonheur des vignobles qui les produisaient. Par une suite de modifications insensibles, les prix baissèrent tellement à une certaine époque, qu'ils finirent par exercer une influence fâcheuse sur la production. Un heureux changement s'est opéré depuis quelques années, les prix se sont relevés, la production s'est raffermie, elle est même en voie de s'étendre dans certains crus ; les Muscats se sont vendus cette année jusqu'à 90 fr. l'hectolitre.

La France ne possède, pour les vins Muscats, que quatre crus très-renommés. Les Pyrénées-Orientales en ont un, Rivesaltes. L'Hérault a les trois autres, Frontignan, Lunel et Maraussan. On voit que notre département garde encore ici la supériorité.

Tous les crus que nous venons de citer étaient représentés à l'Exposition. Le Muscat le plus distingué était, sans contredit, celui de MM. Bérard frères, de Lunel ; il avait du moelleux, de la finesse, de l'arome, et le goût du fruit excessivement développé ; il était en même temps coulant et facile à boire. On ne pouvait lui souhaiter qu'un peu plus de corps. Comparé aux Muscats des Pyrénées-Orientales, il a eu la supériorité. Le Jury lui a donné une médaille d'or. C'était un des meilleurs vins de l'Exposition. Une médaille d'argent a été décernée à M. Vialla fils, maire de Lunel ; son Muscat, moins remarquable que le précédent, était pourtant fort distingué. M. Barral, de Frontignan, et M. Vouillon-Pastré, de Cazouls-lez-Béziers, ont obtenu des médailles de bronze. M. Daurel avait exposé un Muscat de Maraussan très-vieux et de haute qualité ; il a été mis hors concours comme membre du Jury.

Vins d'imitation [1]. — Il n'y a pas d'industrie plus inté-
ressante, plus honnête, plus digne d'éloges et d'encou-
ragement que la fabrication des vins d'imitation. Il n'y en
a aucune qui ait été plus calomniée. C'est surtout contre
la ville de Cette et ses produits que les attaques les plus
vives ont été dirigées. On trouve pourtant, dans cette
cité industrieuse, des négociants pleins d'honneur et de
loyauté qui livrent, à des prix variant de 1 fr. 25 à 3 fr.,
suivant leur qualité, des Porto, des Malaga, des Madère,
etc., si bien imités, qu'on ne peut pas les distinguer de
ceux qui sont authentiques et qui coûtent jusqu'à 12 fr.
la bouteille. Combien y a-t-il d'industries qui puissent
montrer de pareils résultats ?

Nous ne pouvons pas donner ici des détails sur la
préparation des vins d'imitation. Nous nous bornerons à
dire qu'ils ont tous, pour base fondamentale, les meilleurs vins blancs de l'Hérault et les meilleurs vins rouges
du Roussillon ou leurs analogues. Des 3|6 irréprochables,
des doses insignifiantes de brou de noix et d'infusion de
coques d'amandes, quelquefois des vins cuits, du temps,
du soleil, un palais exercé, et l'art si difficile de de-

---

[1] Les diverses sections de vins rouges et de vins blancs que nous
venons de parcourir, ne renfermaient que des échantillons exposés
par le département de l'Hérault. Il n'en est pas de même des sections qui vont suivre et qui étaient consacrées aux vins *d'imitation*,
aux *alcools*, aux *eaux-de-vie*, aux *liqueurs* et aux *vinaigres*. Elles
contenaient toutes des produits appartenant aux divers départements
de la région. Ces produits étaient si peu nombreux dans chaque
exposition départementale, prise en particulier, qu'on fut obligé
de les réunir aux produits similaires de l'Hérault et de les faire
concourir sans tenir compte de leur origine.

viner deux ans à l'avance ce que deviendra un vin après qu'il aura été manipulé et soumis à tant de préparations différentes ; tels sont les divers éléments dont se composent les vins d'imitation. Quels sont ceux que la morale réprouve et que l'hygiène proscrit?

La préparation des vins imités se fait, du reste, au grand jour, sans fraude, sans mystère, sans mensonge ; et si l'on voit des vins imités de Cette se vendre comme vrais Madère, comme vrais Malaga, il ne faut en accuser que les intermédiaires, que les marchands de seconde main.

L'Exposition était fort riche en vins d'imitation. MM. Wachter, Wimberg, Blouquier, Torquebiau, de Cette, avaient répondu avec empressement à l'appel qui leur avait été adressé par la Société d'Agriculture, et avaient envoyé des types variés de Xérès, de Madère, de Malaga, de Pajareto, de Lisbonne, de Porto, etc. M. Ollagnier, de Narbonne, et quelques autres exposants les avaient imités. Tous ces vins ont été étudiés avec soin par les hommes compétents qui ont visité l'Exposition ; la faveur du public ne leur a pas fait non plus défaut ; ce qui le prouve, c'est que tous les échantillons entamés par le Jury ont été complétement épuisés par les visiteurs admis à déguster. Ce fait n'a rien qui doive surprendre, car la plupart de ces vins étaient excessivement distingués. Des médailles d'argent ont été données par le Jury à MM. Torquebiau et Wimberg, de Cette. MM. Blouquier et Wachter avaient été mis hors concours comme membres du Jury.

ALCOOLS, EAUX-DE-VIE, LIQUEURS. — L'industrie des alcools est, depuis 25 ans environ, en voie de décroissance. Il faut en chercher la cause dans le haut prix des vins, dans la fabrication des alcools de betteraves et d'industrie, dans leur rectification de plus en plus perfectionnée et dans l'entrée en franchise des mélasses étrangères. Nous ne nous arrêterons pas à rechercher le degré d'influence exercé par chacun de ces produits, nous constaterons seulement que le département de l'Hérault récoltait, avant 1848, bien moins de vin qu'aujourd'hui, et que l'arrondissement de Béziers pouvait pourtant produire à cette époque près de 300,000 hectolitres de 3|6. Le département tout entier n'a pu en donner que 49,670 en 1867. On peut juger, par ces chiffres, de tout le terrain que nous avons perdu.

Depuis dix ans, la moyenne de la production des alcools a été, dans notre département, de 127,992 hectolitres. L'année la plus faible (1860) a donné 48,808 hectolitres. L'année la plus forte (1866) en a donné 216,597. Comme on le voit, la production des alcools, dans le département de l'Hérault, est loin d'être régulière ; très-faible quand les récoltes sont peu abondantes et que les vins sont chers, elle atteint des proportions plus élevées dans les années d'abondance et de bon marché. Il résulte de tout cela que la fabrication des alcools, qui était autrefois le débouché le plus important de nos vins, n'est plus aujourd'hui qu'une industrie accessoire ; toute réduite qu'elle est, elle rend de grands services à l'Hérault, en lui permettant d'utiliser en tout temps ses vins tournés, et en lui donnant, dans les années d'abondance et de trop plein, des moyens rapides de sortir d'embarras et d'écouler ses excédants.

L'Exposition était assez riche en alcools ; aucun d'eux ne présentait pourtant des qualités particulières et dignes d'être remarquées ; elle contenait aussi quelques échantillons de 5|6 de marc. La distillation de ces résidus a pris depuis longtemps beaucoup d'importance ; elle donne chaque année, en moyenne, 20,000 hectolitres de 3|6.

Pendant que la fabrication des alcools décroît, la fabrication des eaux-de-vie semble vouloir renaître. Il serait à désirer que cette industrie, si grande et si prospère autrefois dans notre pays, prît une plus grande extension, et que les eaux-de-vie de Montpellier pussent reconquérir leur ancienne renommée. Des tentatives sérieuses ont été faites depuis quelque temps dans ce but, des appareils nouveaux et perfectionnés ont été installés, et nous avons vu d'excellentes eaux-de-vie apparaitre dans nos expositions. Celle de cette année en comptait un assez grand nombre. M. Boyer, de Béziers, est un des promoteurs les plus intelligents de cette industrie renaissante ; le Jury lui a donné un rappel de médaille d'or. Une médaille de vermeil a été accordée à M. Delhon, de Puissalicon. Beaucoup d'autres récompenses ont été distribuées à divers exposants qui avaient présenté des eaux-de-vie d'excellente qualité. Nous renvoyons, pour de plus amples détails, à la liste générale des prix.

Liqueurs. — Quelques personnes auront été peut-être étonnées de voir figurer les liqueurs dans une Exposition agricole. Il est pourtant facile de comprendre qu'elles n'y sont pas déplacées. Un pays qui produit beaucoup de vins doit chercher à développer et à favoriser toutes les industries accessoires qui peuvent lui ouvrir des débouchés grands ou petits. Les liqueurs sont dans ce cas ; elles donnent lieu, chaque année, à une grande consommation d'eaux-de-vie. La fabrication des vermouths, qui a pris depuis quelque temps beaucoup d'importance, emploie de son côté des quantités considérables de vins blancs qui sont presque tous fournis par le département de l'Hérault.

L'exposition des liqueurs comptait un très-grand nombre d'échantillons. L'exposition la plus riche et la plus variée était celle de M. Solanon, d'Avignon ; elle se composait de six types différents. Nous signalerons encore les vermouths de M. Vivarez, de Cette, et l'absinthe de M. Pernod, de Lunel, qui était très-fine et très-distinguée.

Vinaigres. — On ne comprend pas qu'un pays qui produit autant de vins que l'Hérault ne produise que si peu de vinaigres. Serait-il vrai, comme le prétendent quelques personnes, que les vins du Midi s'acétifient difficilement et que les vinaigriers d'Orléans ont eu des échecs toutes les fois qu'ils ont voulu les employer ? Il serait infiniment désirable que cette industrie si utile pût s'acclimater dans notre pays. Tout semble indiquer qu'elle y serait très-bien placée et qu'elle ne tarderait pas à y jouer un rôle important.

L'Exposition renfermait un grand nombre de vinaigres ; beaucoup étaient d'excellente qualité, mais aucun d'eux ne représentait une industrie sérieuse et un peu étendue. Ils étaient dus presque tous aux efforts intelligents de quelques propriétaires producteurs de vins. Les échantillons les plus remarquables étaient ceux que M. Lutrand avait exposés ; les uns avaient été produits d'après la méthode de M. Pasteur, les autres avaient été obtenus par le vieux procédé, qui consiste à avoir un tonneau de vinaigre dans lequel on verse de temps en temps de nouvelles doses de vin. Pour donner de la limpidité à ses vinaigres et pour les mettre à l'abri de toutes altérations ultérieures, M. Lutrand emploie une méthode recommandée par Sheele, célèbre chimiste danois du siècle dernier. Il les chauffe jusqu'à la température de l'ébullition. L'acide acétique, plus fixe que l'alcool, ne s'évapore pas ; les matières albuminoïdes sont coagulées, précipitées par la chaleur, et les ferments deviennent inoffensifs. Un filtrage achève de rendre ses vinaigres limpides et de les débarrasser de tout élément étranger. Nous signalerons encore les vinaigres de M. Delhon, de Puissalicon, et ceux de M. Taïx, de Montpellier. Nous renvoyons pour les autres récompenses à la liste générale des prix.

RÉSUMÉ DE L'EXPOSITION DE L'HÉRAULT.

Nous venons de parcourir les diverses sections de l'Exposition des vins de l'Hérault, nous attachant à faire ressortir dans chacune l'importance, la nature et le mérite des produits exposés.

Ce riche département possède, comme nous l'avons

vu, 11 types de vins différents, 6 pour les vins rouges, 5 pour les vins blancs, le 12e représente les vins de liqueur.

Dans la classe des vins rouges, il a d'abord ses vins de plaine, type récent qu'il a créé et qu'il est à peu près seul à produire; il a de plus sa belle série de vins de montagne, divisée en trois sections et si brillamment représentée à l'Exposition, que le Jury s'est trouvé souvent embarrassé pour décerner les récompenses ; il a, enfin, ses vins de couleur et ses vins fins, qui étaient les uns et les autres beaucoup moins nombreux à l'Exposition que les précédents.

Dans la série des vins blancs, il n'est pas moins riche que dans la série des vins rouges. Ses Muscats, ses vins blancs secs, ses vins blancs doux ; ses types plus ordinaires, les Picpouls, les Terrets-Bourrets lui assurent dans la région et même ailleurs une supériorité, une prééminence que personne ne peut lui contester. Ses vins de liqueur, qui viennent ensuite, n'ont pas la même importance; nous ne les signalons ici que pour ne pas être incomplet.

A côté de cette production de vins si riche, si variée, l'Hérault possède, comme nous l'avons dit, quelques industries accessoires, les alcools, les vins d'imitation, les vermouths, les liqueurs, etc., qui se rattachent à la culture de la vigne et qui facilitent, dans des proportions diverses, l'écoulement de ses produits. Malgré son état de décroissance, la fabrication des alcools est encore aujourd'hui une grande industrie; elle a d'autant plus d'importance dans l'Hérault, qu'elle est pour ses excédants, dans les années d'abondance, une source inépuisable de débouchés.

Nous ne devons pas oublier de rappeler ici que nos vins comparés avec les produits similaires du Nord· et du Centre ont eu la supériorité dans la plupart des cas, même au point de vue de la qualité, et que s'ils l'ont perdue quelquefois, c'est qu'ils se trouvaient alors en présence de types d'un ordre supérieur et d'un prix si élevé, que toute comparaison devenait impossible.

Quelles conclusions devons-nous tirer de cet examen?

Constatons d'abord que sur une étendue de 300,000 hectares cultivables, l'Hérault en a aujourd'hui 163,716 en vigne. Sa récolte totale a été en 1867, année peu abondante, de 6,771,405 hectolitres de vin, ce qui donne 41,6 hectolitres par hectare.

L'année dernière, il brûla près de 500,000 hectolitres de vin pour produire 49,670 hectolitres de 3|6 ; il en brûlera moins cette année ; il en consommera près d'un million pour l'alimentation de ses habitants ; il lui restera, par conséquent, plus de 5 millions d'hectolitres destinés à être livrés au commerce. Si la récolte avait été meilleure, ce dernier chiffre aurait pu s'accroître de 1 ou 2 millions de plus.

Si l'Hérault n'avait pour recommander ses vins que leur bonne qualité, s'il ne produisait, comme certains vignobles, que quelques types de vins assez distingués et assez chers, il est probable qu'il serait bientôt inondé par ses récoltes restées sans débouchés, et qu'il n'aurait plus qu'à détruire la majeure partie de ses vignes ; heureusement pour lui, il a d'autres ressources ; la variété de ses produits lui a ouvert une foule de marchés, ses prix peu élevés lui ont permis de soutenir toutes les concurrences. Ses vins sont expédiés aujourd'hui dans les pays les plus divers; ils vont dans l'intérieur de la France, à l'étranger, en Afrique, sur le continent, au-delà des mers; les uns sont directement livrés à la consommation, les autres sont destinés aux coupages et subissent une foule de transformations; les services publics, les armées de terre et de mer, la fabrication des alcools, des liqueurs, des vins imités en absorbent de grandes quantités. Tant de débouchés à pourvoir, tant de besoins à satisfaire, nécessitent évidemment une grande variété de produits.

L'Hérault est donc obligé, selon nous, de conserver sa production si variée; il doit en même temps éviter, dans l'amélioration de ses produits, tout ce qui pourrait les rendre plus chers. Le bon marché est pour lui absolument nécessaire. Son attention devra se porter, d'une manière particulière, sur ses vins à bon marché, sur ses vins de plaine, qu'il excelle à produire et qui sont de plus en plus demandés; c'est moins la couleur et la force qu'il doit aujourd'hui chercher à leur donner que la finesse et l'agrément. Sa tâche est, du reste, toute tracée. Sans cesse menacés par le bas prix des vins, obligés de chercher des compensations dans une production excessive, nos pères surent créer, avec l'Aramon, l'abondance et le bon marché. La tâche de notre génération est d'achever leur œuvre, en donnant aux produits qu'ils nous ont légués plus de qualités.

Cette idée est, du reste, beaucoup plus répandue qu'on

ne pourrait le croire. J'ai souvent feuilleté le cahier sur lequel étaient inscrits tous les vins exposés et tous les renseignements fournis sur leur compte, je ne puis pas dire tous les mélanges, toutes les combinaisons de cépages, tous les essais d'améliorations que j'y ai trouvés. Il se fait évidemment un grand travail dont les bons résultats commencent à se faire sentir. Ce travail deviendra certainement plus fécond si la Société d'Agriculture continue, par ses Expositions et ses autres travaux, à lui donner une impulsion salutaire.

Nous allons passer immédiatement à l'examen des expositions organisées par les autres départements de la région.

PYRÉNÉES-ORIENTALES [1].

Le département des Pyrénées-Orientales était représenté à l'Exposition par 100 échantillons ; 80 avaient été envoyés par le Comice viticole des Pyrénées-Orientales, 13 par la Société scientifique, littéraire et agricole de Perpignan, 7 par deux exposants, M. Portich, de Collioure, et M. Py, de Banyuls.

Le Comice viticole des Pyrénées-Orientales est de créa-

[1] Avant de commencer à parler des vins exposés par les divers départements de la région, je dois adresser des remercîments au Comice viticole des Pyrénées-Orientales, au Président de la Société d'Agriculture d'Avignon, à quelques membres du Jury et à quelques exposants qui ont bien voulu me donner d'utiles renseignements sur l'étendue des vignes, sur les cultures et sur les produits de leurs pays respectifs.

tion récente, constitué sur les bases les plus larges, s'appuyant sur un grand nombre de sous-comices organisés par ses soins dans les diverses communes du département, il compte déjà 655 membres, et il a obtenu pour ses débuts le grand prix d'honneur de notre Exposition, la médaille d'or donnée par l'Empereur, à l'effigie du Prince impérial. On ne peut pas faire mieux.

L'exposition des Pyrénées-Orientales était plus remarquable par le choix et la qualité des échantillons exposés que par leur nombre. Tous les genres de vins que le Roussillon produit s'y trouvaient représentés : on y voyait des vins rouges ordinaires, des vins de liqueur rouges et blancs, des Muscats, des Malvoisie, des Maccabeos, des Alicants, des Cosprons, etc.

Tout le monde connaît, au moins de réputation, les vins du Roussillon ; on sait qu'ils sont, en général, trop capiteux pour servir de boisson ordinaire, mais qu'ils sont sans rivaux pour le coupage des vins. Leur force alcoolique s'élève à 15 pour cent et même au-dessus ; leur couleur est très-intense, leur constitution très-riche ; ils ont du moelleux et de la finesse, en même temps que de la vinosité. Ils sont assez fréquemment liquoreux, comme nous l'avons dit, c'est quelquefois une qualité, c'est quelquefois un défaut. Les vins du Roussillon sont employés à une foule d'usages ; ils servent à faire vivre les vins incomplets et défectueux, à rendre meilleurs ceux qui sont déjà bons, et à leur donner la faculté de vieillir ; ils entrent dans une foule de combinaisons et de mélanges ; ils sont, enfin, la base la plus riche qu'on puisse trouver pour la préparation des vins d'imitation, pour les Porto.

Les Pyrénées-Orientales possèdent 200,000 hectares susceptibles d'être mis en culture. La vigne n'en occupe encore que de 50 à 58,000 ; mais elle gagne du terrain tous les jours. Reléguée autrefois sur les coteaux, elle descend aujourd'hui dans les terres à froment et même sur les terrains consacrés autrefois aux prairies. 14,000 hectares ont été mis en vignes depuis 10 ans. On commence, dans les plantations nouvelles, à rechercher la quantité et à planter même des Aramons.

La récolte totale de 1867 a été de 487,658 hectolitres ; ce qui donne un rendement moyen de 9,4 hectolitres par hectare. Les beaux Roussillon se sont vendus de 25 à 30 fr. l'hectolitre.

Les anciennes vignes du Roussillon, comme les anciennes vignes de l'Hérault, renfermaient un très-grand nombre de cépages : des Grenaches (Alicants), des Carignanes, des Mataros (Espars), des Picpouls, des Blanquettes, etc.... On aimait beaucoup autrefois ces mélanges sans but et sans mesure. Les habitudes se modifièrent plus tard et on ne planta plus, à une certaine époque, que des Carignanes, des Espars et des Grenaches mêlés tous trois en parties égales.

Aujourd'hui la Carignane gagne du terrain parce qu'elle est très-fertile ; le Grenache en perd un peu, mais il se maintient ; l'Espar en perd, au contraire, beaucoup, parce qu'il ne produit pas assez et parce qu'il communique aux vins une couleur très-foncée, il est vrai, mais très-peu persistante. Le Roussillon continue pourtant à considérer le mélange de ces trois cépages comme une condition nécessaire et indispensable pour la production de ses beaux vins ; chacun d'eux a son rôle et sa fonction.

La Carignane donne la quantité, la force, la solidité ; l'Espar, la couleur ; le Grenache, le moelleux, le velouté, la liqueur. Dans les vignes destinées à produire des vins doux, à Port-Vendres, à Collioure, à Banyuls, le Grenache domine d'une manière exclusive et n'est accompagné que de quelques Carignanes. Ce dernier cépage est celui qu'on plante de préférence dans les plaines susceptibles de donner des produits abondants.

Nous retrouverons les trois cépages dont nous venons de parler dans d'autres parties de la région, et nous verrons qu'ils ont partout les mêmes aptitudes, les mêmes propriétés, augmentées ou affaiblies par la nature du climat, par la culture et par le sol.

Le Roussillon cultive, du reste, la vigne dans des conditions toutes particulières ; il a un soleil ardent, un sol qui s'échauffe beaucoup, des cépages généreux et riches en couleur, et pourtant il ne commence à vendanger que vers la fin du mois de Septembre. Les moûts qu'il obtient sont tellement riches en principes sucrés, qu'il est forcé de laisser cuver ses vins de 20 à 30 jours, afin d'obtenir une fermentation plus complète. Il est en même temps obligé de viner, de plâtrer à hautes doses et d'employer parfois le sel dans la proportion de 20 grammes par hectolitre. C'est à ces conditions climatériques et culturales qu'il faut attribuer les caractères particuliers qui distinguent les vins de ce pays.

Le plus beau vin rouge de l'exposition des Pyrénées-Orientales était sans contredit celui de M. Ph. Duverney, mis hors concours comme membre du Jury. Il contenait 14,8 degrés d'alcool. Soumis au colorimètre et comparé à un vin de plaine de l'Hérault très-peu coloré, il a donné plus de 5 couleurs (5,3) ; il était en même temps fin et moelleux et avait surtout ce que les gens du Nord appellent de la *mache* , ce qui veut dire beaucoup de corps.

Le vin de M. Chalureau venait ensuite ; il était aussi alcoolique que le précédent, il n'avait que 4,5 couleurs ; il était très-moelleux et assez riche en liqueur.

Nous avons pensé qu'il serait intéressant de comparer ces deux premiers prix des vins rouges du Roussillon avec les vins de couleurs qui avaient obtenu des récompenses analogues dans les autres départements. Pour avoir des bases d'appréciation exactes nous avons soumis tous ces vins au colorimètre et à l'appareil Salleron , nous avons obtenu les résultats suivants :

Le vin de l'Hérault de M. Duvergé , produit par un mélange de Mourastel et de Grenache , avait autant d'alcool (14°,3) et autant de couleur (5,3) que celui de M. Duverney ; il avait beaucoup de corps, mais il n'était ni aussi fin ni aussi moelleux.

Le vin de M. Auzoulat, de Fitou , avait 5 couleurs et 12°,5 d'alcool ; il était sec , ferme , bien constitué, comme les vins du Narbonnais , mais il avait moins de corps et de moelleux que celui de M. Duverney.

Le vin de M. le baron de Rivière , dans le Gard , se rapprochait des Roussillon liquoreux ; il avait plus de rapport avec le vin de M. Chalureau qu'avec tout autre ; sa force alcoolique était de 13°,4 , sa couleur ne dépassait pas 4,7 dixièmes.

Celui de M. Jean Rouvier, de Vauvert, dans le Gard, était irréprochable et parfaitement bien constitué; il avait 5 couleurs, mais il ne contenait que 11°,7 d'alcool; il était par conséquent inférieur aux autres sous ce dernier rapport.

Les plus beaux vins de couleur de l'Exposition tout entière étaient donc celui de M. Duverney et celui de M. Duvergé. Ce dernier vin a pour nous beaucoup d'importance parce qu'il nous révèle la valeur du Mourastel comme cépage coloré, et parce qu'il nous montre en même temps ce que l'Hérault pourrait faire s'il voulait s'adonner davantage à la production des vins de couleur.

Nous ne passerons pas en revue tous les autres vins rouges qui étaient compris dans l'exposition des Pyrénées-Orientales, la liste en serait trop longue, et nous serions obligé de répéter à peu près les mêmes choses pour chaque exposant; nous renvoyons à la liste générale des prix.

Si nous entrons maintenant dans la catégorie des vins de liqueur, nous signalerons en première ligne M. F. Py, de Banyuls, qui avait exposé un vin de Cespron de haut mérite. Le Jury lui a donné une médaille de vermeil. M. P. Duverney aurait obtenu dans cette section une médaille d'argent, s'il n'avait pas été mis hors concours comme membre du Jury.

Deux Muscats ont été remarqués dans l'exposition des Pyrénées-Orientales : l'un exposé par M. Duverney; l'autre, par la Société Littéraire, Scientifique et Agricole de Perpignan ; ils étaient très-distingués l'un et l'autre, mais ils ne valaient pas celui que MM. Bérard frères, de Lunel, avaient exposé ; ils n'avaient pas la distinction, la finesse, le goût du fruit qui faisaient de ce dernier Muscat un vin rare et tout à fait exceptionnel.

Nous avons encore à signaler une eau-de-vie et un vin de Grenache exposés par la Société Littéraire, Scientifique et Agricole de Perpignan ; un vin de Malvoisie, un vin de Maccabéo de M. Philippe Duverney, un autre vin de Malvoisie de M. Janer et un vin blanc de M. Barraut.

Telle était, dans ses traits principaux, la belle exposition des Pyrénées-Orientales. Préparée par deux Sociétés agricoles, remarquable par les beaux vins qu'elle contenait, elle faisait autant d'honneur au pays qu'elle représentait qu'aux hommes intelligents qui avaient su l'organiser avec tant d'habileté.

AUDE.

L'exposition de l'Aude ne se composait que de 54 échantillons exposés par le Comice de Narbonne et de 8 échantillons envoyés par deux exposants, M. Denille et M. Alibert d'Esperaza. Il existe pourtant, au delà du Narbonnais et du côté de la ville de Carcassonne, de grands vignobles récemment créés sur le type des vignes de l'Hérault ; on y cultive nos cépages : l'Aramon, le Cinsaut, le Brun-Fourcat, etc. Les vins qu'on y récolte sont aujourd'hui très-abondants ; ils se rapprochent beaucoup, comme qualité, de nos montagnes légers. Ceux que MM. Alibert et Denille avaient envoyés n'étaient pas sans mérite. Le premier de ces exposants a obtenu une médaille de bronze, le second a été l'objet d'une mention honorable. En dehors de ces deux exposants, l'exposition de l'Aude ne se composait plus que des échantillons envoyés par le Narbonnais.

L'Aude possède un grand territoire qui renferme 80,479 hectares de vignes; il a récolté, en 1867, 1,498,348 hectolitres de vin, soit 18,7 hectolitres par hectare. Le Narbonnais constitue le vignoble le plus important et le plus connu de ce département. Ses vins corsés, alcooliques et colorés, comme doivent l'être des vins de coupage, se rapprochent beaucoup des vins du Roussillon; ils n'ont pas autant de moelleux, d'alcool et de couleur, mais ils sont ordinairement plus secs. Cette propriété les rend préférables aux Roussillon eux-mêmes pour certains emplois; ils se marient mieux, par exemple, avec les vins verts du Nord et avec les vins un peu astringents du Bordelais. Leurs prix de vente sont un peu moins élevés; ils ont varié, cette année, de 23 à 25 fr. l'hectolitre.

La différence de qualité qu'on observe entre les vins du Narbonnais et les vins du Roussillon est très-facile à expliquer. La température, dans le Narbonnais, est moins élevée que dans les Pyrénées-Orientales; le sol s'y échauffe moins; les vendanges y commencent pourtant quinze jours plus tôt, elles ont lieu ordinairement vers le milieu de septembre. La Carignane est le cépage dominant; c'est lui qui donne aux vins de ce pays leur couleur, leur force, leur solidité. L'Espar est très-peu cultivé; le Grenache l'est davantage; on en met une petite quantité dans les vignes, afin de tempérer la rudesse naturelle des produits de la Carignane. L'Aramon pénètre de plus en plus dans le Narbonnais.

Les indications que nous venons de donner sur la température, sur les cépages et sur les vendanges du Narbonnais doivent suffire, tout incomplètes qu'elles sont, pour expliquer et pour faire comprendre les différences qu'on observe entre les vins de ce pays et les vins du Roussillon.

L'exposition du Comice de Narbonne n'était guère composée que de vins de coupage très-alcooliques, très-colorés et très-beaux sous tous les rapports ; elle renfermait pourtant quelques échantillons d'eau-de-vie et de vin blanc, quelques liqueurs et un certain nombre de vins d'imitation ; elle était, en somme, bien ordonnée et si riche en beaux produits, que le Jury lui a décerné une des médailles d'or accordées par Son Exc. le Ministre de l'Agriculture.

Le vin le plus remarqué dans cette exposition a été celui de M. Auzoulat, de Fitou ; il avait 12°,5 p. 100 d'alcool et 5 couleurs, un peu moins, par conséquent, que les vins de MM. Duverney, des Pyrénées-Orientales, et Duvergé, de l'Hérault ; mais il était sec, ferme, solide et bien constitué. Il n'a eu qu'une médaille de vermeil, parce que le Jury n'avait pas assez de médailles d'or à sa disposition. M. Fabre, à Cruscades ; M. Maillac, à Lapalme ; M. Fabre, à Ornaisons, avaient exposé de fort beaux vins rouges. On a beaucoup remarqué un vin blanc mousseux de M. Bénézet, à la Ribeaute, une eau-de-vie de M. Jougla et des vermouths de M. Ollagnier.

Nous ne devons pas oublier de mentionner les vins faits à l'abri de l'air par M. Louis de Martin ; ils ont obtenu une mention honorable. M. de Martin a entrepris un travail de longue haleine sur les fermentations ; il a même inventé un appareil destiné à soustraire les vins qui fermentent à l'action de l'air. Les résultats qu'il a déjà obtenus sont très-intéressants.

GARD.

Le Gard est, après l'Hérault, le plus grand vignoble de la région ; il cultive 94,200 hectares de vignes, qui lui ont donné, en 1867, 1,761,000 hectolitres de vin, soit en moyenne 18,7 hectolitres par hectare.

Son exposition avait avec celle de l'Hérault certains rapports de parenté et de ressemblance qui s'expliquent par la conformité qui existe dans l'agriculture et dans le climat de ces deux départements. Composée de 108 échantillons présentés par 48 exposants, elle renfermait les vins colorés de Saint-Gilles analogues aux Roussillon et aux Narbonne, les vins foncés de la Costière, les vins fins d'Uchaud et de Langlade, les vins estimés de la côte du Rhône et les Tavel ; elle contenait, en outre, quelques vins légers, des Terrets-Bourrets, des eaux-de-vie et des liqueurs.

Comme on le voit, le Gard se rapprochait bien plus de l'Hérault par la variété de ses produits que les autres départements de la région.

Ce qui a manqué au Gard, ce qui a fait qu'un si beau vignoble n'a eu aucune des médailles d'honneur du concours, c'est qu'il n'avait pas une grande exposition collective analogue à celles que l'Aude, Vaucluse et les Pyrénées-Orientales avaient si bien organisées. Il est facile de comprendre que les expositions ordinaires, composées d'échantillons disparates et plus ou moins bien choisis par les divers exposants, ne peuvent pas lutter avec ces grandes collections de vins préparées avec soin par des sociétés d'agriculture, qui disposent de toutes les ressources d'un pays. Les éléments d'une belle exposition de ce genre existaient certainement dans les échantillons du Gard ; mais ils étaient épars, disséminés, l'ensemble leur a manqué. M. Léonce Guiraud, de Nimes, qui entend les intérêts de l'agriculture aussi bien que ceux du commerce, avait bien envoyé une collection de 20 échantillons représentant les principaux types de vin que son département produit. Tous ces échantillons étaient fort bien choisis, très-intéressants à connaître ; mais ils n'étaient pas assez nombreux.

Le plus beau vin de l'exposition du Gard était celui de M. Jean Rouvier, de Vauvert. Ce vin, aussi coloré que le Roussillon, avait plus de 5 couleurs (5,2) ; mais il était moins alcoolique, il n'arrivait pas à 12 degrés ; il n'était pas non plus aussi moelleux. Sa fermeté, sa solidité, sa constitution ne laissaient rien à désirer. Ce beau vin, produit par l'Espar, a obtenu une médaille d'or.

Une médaille semblable a été donnée à M. le baron de Rivière, de Saint-Gilles, pour un vin rouge qui avait 4,7 couleurs, 13 degrés d'alcool, et qui était en même temps assez liquoreux. Il est probable que c'est encore l'Espar, plant dominant des vignobles de Saint-Gilles, qui l'avait produit.

L'Espar, comme on a pu s'en convaincre, est fort répandu dans toute la région ; nous l'avons vu entrer dans la composition des vins de Roussillon sous le nom de *Mataro* ; il fait le fond des vins de Saint-Gilles et de la Costière dans le Gard ; il est très-répandu dans toute la Provence sous le nom de *Morvèdre* ; il produit dans le Var les vins de la Côte et de Bandols ; dans l'Hérault, il est très-répandu, mais il n'y est la base d'aucun vignoble important. On lui préfère, en général, la Carignane, qui est plus fertile et qui donne des vins doués de plus de solidité. L'Espar présente un grand inconvénient : il a des variétés qui sont fertiles et d'autres qui ne le sont pas.

M. de Surville, qui a obtenu une médaille de vermeil, avait exposé 20 échantillons de vins différents ; plusieurs étaient d'un âge très-avancé, l'un d'eux remontait à 1801. Le principal mérite de ces vins, presque tous fort distingués, était d'être très-bien conservés.

Le département du Gard, comme on le voit, a obtenu deux médailles d'or et une médaille de vermeil. Le Jury, en lui décernant ces trois récompenses, a voulu lui donner un témoignage de son estime pour son exposition.

Le Gard, très-riche en vins foncés, est peut-être plus riche encore en vins de table, en vins fins. Tout le territoire qui s'étend autour des villages d'Uchaud et de Langlade produit des vins légers, fins, délicats et très-agréables à boire. Ces vins, quand ils sont bien réussis, sont, d'après beaucoup de connaisseurs, préférables, comme vins d'ordinaire, à tous les petits Bordeaux et à tous les petits Bourgogne que le commerce met en circulation. Les vins fins du Gard, comme les vins fins de l'Hérault, ont pour base le Terret noir. On a généralement beaucoup regretté qu'ils ne fussent pas plus largement représentés à l'Exposition.

Nous avons beaucoup remarqué un vin de table fort distingué de M. Querianne, de Saint-Laurent, et un Tokay très-bien réussi de M. Mestre, de Saint-Gilles. Nous devons signaler encore un excellent vin rouge exposé par M. Maxime de Labaume, d'Uzès. Ce vin prouvait que les terrains montagneux qui se trouvent dans la partie septentrionale du Gard peuvent donner d'aussi bons produits que les coteaux situés au Midi.

Nous renvoyons, pour les autres récompenses, à la liste générale des prix.

VAUCLUSE.

Le département de Vaucluse, qui avait en 1864 30,296 hectares de vignes, en a 30,905 aujourd'hui. Sa récolte a été en 1867 de 420,062 hectolitres; ce qui donne une production moyenne de 13,059 hectolitres par hectare. On voit que la culture de la vigne s'étend dans le Comtat; mais on voit en même temps que ses progrès sont très-lents. Son développement est contenu dans ce beau pays par la garance, les fourrages et les cultures maraîchères, qui prennent une grande importance autour d'Avignon. Le Comtat est un des pays de France les mieux arrosés; il est traversé par le Rhône, la Durance, la Sorgue et une foule d'autres cours d'eau ; il peut d'autant mieux s'adonner à la production des fruits et des légumes que la ville d'Avignon est admirablement placée sur la grande ligne de la Méditerranée pour expédier rapidement ses produits à Paris, à Marseille et à Lyon.

Quoique les vignes de Vaucluse soient peu étendues, l'habile président de la Société d'Agriculture d'Avignon avait su organiser une superbe exposition collective, à laquelle le Jury a donné une des médailles d'or accordées par son Exc. le Ministre de l'Agriculture.

Cette belle exposition se composait de 149 échantillons présentés par 54 exposants ; les vins de Châteauneuf-du-Pape en faisaient le fond. La ville de Courthezon, voisine de ce grand cru, avait fourni un assez grand nombre d'échantillons fort distingués. Elle était en bonne position pour le faire, car elle est devenue depuis quelque temps le siége d'un marché de vins qui prend tous les jours une plus grande importance.

A côté des échantillons envoyés par la Société d'Agriculture de Vaucluse figurait une autre exposition collective, plus modeste, mais non moins distinguée ; elle émanait du Comice de Carpentras et était due à l'initiative de son président, M. Loubet ; elle se composait de 30 échantillons et de 14 exposants. Si on réunit à ces deux expositions les envois faits par quelques exposants isolés, on arrive, pour l'exposition générale du département de Vaucluse, au chiffre élevé de 184 échantillons.

Ce sont les vins de Châteauneuf-du-Pape qui ont donné à cette exposition l'éclat qu'elle a eu. Le vin le plus remarquable et le plus remarqué provenait du cru de la Nerthe ; il appartenait à M. Berton, mis hors concours comme membre du Jury. La médaille de vermeil qu'il devait avoir a été décernée à M. de Courten, pour un vin qui avait 4 couleurs, 13 degrés d'alcool, et qui était pourtant très-moelleux, très-fin et très-distingué.

Nous devons, du reste, déclarer que presque tous les vins renfermés dans l'exposition de Vaucluse étaient d'excellente qualité, et qu'on avait beaucoup de peine à distinguer les meilleurs ; ils présentaient tous le même caractère alcoolique et coloré comme des vins de coupage ; ils étaient en même temps fins et agréables comme les vins de table des meilleurs crus.

Les vins de Châteauneuf, quoique très-capiteux, sont d'excellents vins de table ; ils sont fort recherchés par le commerce. La Bourgogne les mêle à ses meilleurs crus. Comme les vins de Châteauneuf peuvent devenir très-vieux sans perdre leurs qualités, ils communiquent cette propriété aux vins de Bourgogne, qui l'ont beaucoup moins ; ils leur donnent en même temps, quand ils en ont besoin, de la chaleur, de la force et de la couleur ; les vins ordinaires du Comtat sont presque tous absorbés par les besoins du pays.

Les vignes de Châteauneuf, comme celles du Comtat ont, en général, pour cépage fondamental, le Grenache, que nous avons vu mêlé à peu près par tiers dans les vignes du Roussillon, pour donner aux vins de ce pays la liqueur et le moelleux. Dans le Narbonnais, nous l'avons vu employé en petite quantité pour tempérer la rudesse caractéristique de la Carignane. Dans l'Hérault, le Grenache est très-répandu, mais il n'y est pas l'objet de cultures spéciales très-étendues ; il sert souvent à faire des vins de table, qui sont tantôt secs, tantôt doux, et qu'on appelle *vins d'Alicant*. Il entrait autrefois dans d'assez grandes proportions dans les vignes de Saint-Drézéry et de Saint-Christol. Dans la Provence, on le plante aujourd'hui partout. Les viticulteurs de l'Hérault qui cherchent à améliorer leurs vins par des mélanges de cépages, devront tenir compte de ces aptitudes particulières du Grenache. Il peut rendre des services quand il est judicieusement employé. La Clairette, le Terret noir et l'Espar, qui s'appelle *Mourvèdre* de l'autre côté du Rhône, sont les autres cépages les plus fréquemment cultivés dans le Comtat.

Le Comice de Carpentras avait exposé, de son côté, de fort jolis vins ; nous signalerons un vin rouge de M. Delégue à Sarrians, qui a obtenu une médaille d'argent, et un Grenache de M. Morier-Lotelier, qui a obtenu une médaille de bronze.

Nous devons signaler encore les vins rouges de M. Loubet, président du Comice de Carpentras ; leur qualité était tout à fait remarquable.

Nous renvoyons pour les autres récompenses à la liste générale des prix, en rappelant que M. Solanon, d'Avignon, dont nous avons déjà parlé, a obtenu une médaille d'argent dans la section des liqueurs.

BOUCHES-DU-RHONE.

Le département des Bouches-du-Rhône a 50,000 hectares de vignes qui ont produit, en 1867, 336,773 hectolitres de vin, moins de 7 hectolitres par hectare. Ces chiffres sont si bas, qu'on est tenté de les regarder comme suspects.

Il est vrai de dire que la vigne est généralement cultivée dans ce département en jouailles, système qui consiste à intercaler diverses cultures au milieu des lignes. Ce système, justement condamné, nuit beaucoup à la vigueur de la vigne et à sa production.

Les Bouches-du-Rhône produisent les vins blancs très-estimés de Cassis. Ses meilleurs vins rouges étaient ceux qu'on récoltait anciennement dans la banlieue de Marseille ; mais depuis que cette grande cité a pris tant d'extension, elle a converti les vignes qui l'entouraient en jardins d'agrément. Les vins produits par les Bouches-du-Rhône ne suffisent pas à la consommation de ses habitants. Quelques-uns d'entre eux sont pourtant exportés par le port de Marseille aux Antilles françaises.

L'exposition de ce département ne se composait que de 15 échantillons et de 6 exposants. Trois d'entre eux n'avaient envoyé que des vermouths. M. Disnard, propriétaire dans la Crau d'Arles, faisait à lui seul presque toute l'exposition ; il avait exposé 9 échantillons différents. S'il est permis d'en juger par ce que nous avons vu, les vins rouges des Bouches-du-Rhône doivent se rapprocher, comme qualité, des vins connus dans l'Hérault sous le nom de *montagnes ordinaires.*

Le Jury a accordé une médaille d'argent à MM. Monnier frères pour un vin fait principalement avec de l'Alicant et coté 20 fr. l'hectolitre. La couleur était assez foncée, mais elle manquait de vivacité. La Provence a déjà beaucoup de Grenache, et elle en plante, à ce qu'il paraît, tous les jours un peu plus. Ce cépage a des qualités réelles : il est robuste, assez fertile ; mais quand il est seul ou quand il est employé en trop grande quantité, il a l'inconvénient de donner aux vins de la liqueur et des reflets jaunâtres qu'il est impossible d'éviter. M. Disnard, propriétaire dans la Crau d'Arles, a obtenu deux médailles de bronze, l'une pour un joli vin rouge de montagne du prix de 50 fr. l'hectolitre, l'autre pour une eau-de-vie qui a été très-appréciée.

VAR.

Le Var est un grand vignoble. Bien qu'il ait perdu 15,000 hectares de vignes quand l'arrondissement de Grasse a été annexé aux Alpes-Maritimes ; il possède encore aujourd'hui près de 79,000 hectares plantés. Sa récolte, en 1867, a été de 735,223 hectolitres ; ce qui donne moins de 9 hectolitres par hectare. Ce dernier rendement peut être porté à 10 hectolitres, si on fait la moyenne des 4 dernières années.

Le Var a deux crus très-estimés : Gaude et Lamalgue ; il a, en outre, les vins de Bandols et de la Côte, fort recherchés les uns et les autres par le commerce, à cause de leur belle couleur rouge et de leur solidité. L'Espar est le cépage qui les produit. Les vins de la Côte ressemblent beaucoup aux vins de Bandols; ils sont toutefois moins estimés.

Le département du Var n'était représenté à l'exposition que par 5 exposants et par 16 échantillons. Si l'on retranche de ce dernier chiffre les liqueurs, les alcools, les vinaigres et les vins d'exception faits avec des cépages étrangers, on trouve, en définitive, que les véritables vins du Var n'étaient représentés que par 11 échantillons. Est-il possible avec si peu d'éléments de se faire une idée exacte des produits d'un grand vignoble? L'abstention du Var est d'autant plus regrettable, que ce département cultive des cépages que nous connaissons fort peu, et qu'il a des viticulteurs très-habiles pour en tirer parti.

La commune de Pierrefeu, représentée par M. Ravel, a obtenu une médaille d'argent pour un vin rouge droit et vigoureux, appartenant au type connu dans le commerce sous le nom de *vin de la Côte*. M. Ravel a eu pour lui-même une mention honorable; le vin qu'il avait présenté en son nom personnel avait de la vinosité, mais il manquait de vivacité et de brillant; il était coté 40 fr. l'hectolitre.

Nous signalerons encore les vins exposés par M. Decugis, de Toulon; l'un d'eux, venu sur des coteaux calcaires et produit par le Mourvèdre (Espar), appartenait à la catégorie des vins de Bandols; c'était un joli vin de coupage. M. Decugis avait exposé un second vin du même genre d'une très-belle couleur.

Nous regrettons beaucoup d'avoir si peu de chose à

dire sur un département aussi important et aussi intéressant que le Var.

ALPES-MARITIMES.

Il est fort difficile de connaître, d'une manière même
approximative, l'étendue des vignes des Alpes-Maritimes. Il y a dans ce pays tant de cultures mêlées, il y a
tant d'arbres au milieu des souches et tant de souches
intercalées au milieu des céréales, des plantes fourragères,
des fruits, des fleurs, etc., qu'il est à peu près impossible
de faire une répartition exacte du sol suivant la nature
des produits. On sait néanmoins que la réunion de l'arrondissement de Grasse lui a apporté, en 1859, un con-
tingent de 15,000 hectares de vignes ; on sait, d'un
autre côté, ou pour mieux dire on suppose que le comté
de Nice en renfermait 10 ou 12,000 au moment de l'an-
nexion. On est amené, de cette manière, à adopter, pour
tout le département, le chiffre approximatif de 26 hectares plantés. La récolte de 1867 n'a été que de 42,724
hectolitres ; celle de 1865, la plus forte qu'on ait vue en
France depuis longtemps, s'éleva à 68,205. En prenant
la moyenne des quatre dernières années, on n'arrive
qu'à un rendement de 3 hectolitres par hectare. Nous
répèterons ce que nous avons dit dans une circonstance
analogue : il est difficile de considérer ces chiffres comme
exacts.

Le département des Alpes-Maritimes possède un cru
très-estimé, celui de Bellet, situé sur les coteaux qui
forment le versant oriental de la vallée du Var ; les cépa-

ges qu'il cultive sont, pour la plupart, peu répandus chez nous ; le Brachet est celui dont on parle le plus dans le pays. Les vins produits par les Alpes-Maritimes ne suffisent pas à la consommation des habitants ; ils se vendent à des prix très-élevés.

4 exposants, 2 échantillons de vermouths, 4 échantillons de vins rouges et 2 de vins blancs, voilà en quoi consistait l'exposition des Alpes-Maritimes.

Une médaille d'argent a été donnée à **M. Chabert**, d'Antibes, pour un vin rouge très-léger.

Nous signalerons avec éloges les vins rouges et les vins blancs exposés par **M. Jaume**, de Nice. Un de ses vins rouges avait été fait avec du Pinot âgé de 5 ans ; on lui a décerné une médaille de bronze ; ses deux vins blancs ont été récompensés : l'un a obtenu une médaille de bronze, l'autre une mention honorable. Le premier était très-léger, mais il était en même temps fin, agréable et très-bien réussi.

CORSE.

S'il faut en croire les chiffres qui ont généralement cours, la Corse n'aurait que 16,000 hectares de vigne, et produirait chaque année près de 300,000 hectolitres de vin. La production moyenne de l'hectare serait à peu près de 19 hectolitres. L'on prétend, d'un autre côté, que les vignes de la Corse sont en général mal plantées, mal taillées et encore plus mal cultivées ; s'il en est ainsi, il faut en conclure que la terre est beaucoup plus généreuse dans cette île que sur le continent, car la plupart des vignobles de la région méridionale sont loin d'être aussi productifs, bien qu'ils soient en général assez bien cultivés.

Quoi qu'il en soit et quoi qu'on pense de ces chiffres, il paraît démontré que la Corse pourrait avoir de fort belles vignes, si elle suivait des méthodes culturales plus rationnelles et plus perfectionnées. Nous devons du reste reconnaître ici que l'état de son agriculture s'améliore de plus en plus et que l'on commence à trouver chez elle des vignes bien tenues. On cite, entre autres, celles du comte de Casabianca, qui sont plantées et cultivées sur le modèle des vignes de l'Hérault. Le prix des vins y est ordinairement de 20 fr. l'hectolitre.

M. d'Astima, de Cervione, était seul à représenter son pays; il avait exposé 5 échantillons de vins rouges qui n'étaient pas irréprochables, mais qui ne manquaient pas de certaines qualités; l'un d'eux a obtenu une médaille d'argent. C'était un vin de Malvoisie assez bien réussi.

CONCLUSION.

Nous voici arrivé au terme de notre course ; nous avons visité dans toutes ses parties cette longue Exposition, qui renfermait 1112 échantillons exposés par la région et 109 échantillons exposés par la Société d'Agriculture. Nous avons étudié attentivement chaque section, chaque catégorie de vins, chaque exposition départementale, en ayant toujours soin de faire ressortir tout ce qui nous paraissait intéressant ou utile à connaître : l'étendue des vignes, les cépages cultivés, l'importance des produits obtenus, leur nature, leur caractère et leur destination.

Si nous jetons un dernier coup d'œil sur cette Exposition ; si après l'avoir étudiée dans ses détails, nous la considérons un moment dans son ensemble, nous serons d'abord frappés de l'air de famille, du cachet de ressemblance que les vins du Midi présentaient entre eux quand on les comparait aux vins du Centre et du Nord. La force, la chaleur, la vinosité sous toutes ses formes et avec toutes ses conséquences, tels étaient leurs caractères distinctifs ; les vins du Centre et du Nord se faisaient remarquer, au contraire, par peu de corps, beaucoup de verdeur et une certaine tendance à la fraîcheur et à la finesse, qui devenait en se développant, dans les bons vins, la véritable distinction. Dès qu'on les comparait entre eux, les vins du Midi, tout à l'heure si ressemblants, accusaient aussitôt des différences très-marquées, que nous avons eu souvent l'occasion de constater.

Chaque département présentait, à son tour, une physionomie particulière. Le Roussillon avait ses vins de liqueur si renommés et ses beaux vins rouges destinés au coupage; l'Aude, ses vins du Narbonnais analogues aux précédents, mais un peu plus secs et quelques vins plus légers venus du côté de Carcassonne; l'Hérault avait tant de types différents qu'il est impossible de les analyser dans un résumé aussi succinct; le Gard se rapprochait de l'Hérault par la variété de ses produits et par leurs caractères, il se faisait en même temps remarquer par ses vins foncés et ses vins rouges intermédiaires entre nos vins fins et nos montagnes légers; Vaucluse présentait une anomalie singulière, des vins fins aussi alcooliques et aussi colorés que les vins spécialement voués aux coupages.

Les Bouches-du-Rhône, le Var, les Alpes-Maritimes et la Corse étaient si peu représentés, qu'on n'ose pas parler de la nature de leurs produits.

On voudra bien nous dispenser d'entrer ici dans de nouvelles considérations sur l'Exposition des vins, les détails que nous avons donnés ailleurs doivent suffire; nous nous contenterons, pour terminer ce travail, de jeter un coup d'œil rapide sur l'étendue des vignes cultivées dans la région et de dire quelques mots sur les quantités de vin qu'elle peut produire et qu'elle peut exporter.

Notre région cultive aujourd'hui 598,603 hectares de vignes, représentant à peu près le quart de l'étendue attribuée à l'ensemble des vignobles français.

Pendant les huit années qui se sont écoulées de 1860

à 1867, la moyenne de sa production annuelle a été de 12,144,969 hectolitres. La moyenne annuelle de toute la France, y compris notre région, a été, pendant la même période, 5,9 fois plus considérable et s'est élevée à 47,836,878 hectolitres. Nous avons donc produit, de 1860 à 1867, plus que le quart des vins récoltés dans toute la France [1].

[1]

	RÉCOLTES TOTALES DE LA FRANCE de 1860 à 1867.	RÉCOLTES DE LA RÉGION de 1860 à 1867.
	Hectol.	Hectol.
1860	40,119,437	10,465,971
1861	30,000,583	10,418,452
1862	37,384,794	10,182,228
1863	51,659,610	12,288,736
1864	50,949,712	12,900,289
1865	69,290,476	16,563,731
1866	64,162,633	11,978,949
1867	39,127,780	12,361,403
Totaux.	382,695,025	97,159,759
Moyenne annuelle.	47,836,878	12,144,969

Moyenne de 1860 à 1863 :

Pour la France, la région comprise.... 39,791,106 hect.
Pour la région..................... 10,838,846

Moyenne de 1864 à 1867 :

Pour la France, la région comprise.... 55,852,650 hect.
Pour la région..................... 13,451,093

Nous devons remercier, d'une manière expresse, M. Maurial,

Si l'on divise cette période de huit années en deux séries égales et si l'on fait des moyennes, on trouve que de 1860 à 1863 la France a produit 3,67 fois plus de vins que notre région, et que de 1864 à 1867, elle en a produit 4,1 fois plus. Nous avons, par conséquent, perdu du terrain dans ces derniers temps.

Cet écart n'est pas, sans doute, très-considérable, et il est peut-être possible de l'expliquer par le concours accidentel de quelques récoltes meilleures chez les autres que chez nous. Néanmoins, comme il va grandir encore cette année par l'effet de la belle récolte annoncée dans le Nord, il est bon de prévenir les viticulteurs du Midi de ce qui se passe et de les avertir que la production du vin semble, depuis quelques années, prendre un accroissement plus rapide hors de la région que dans son sein.

Si notre attention se concentre maintenant sur notre région et sur les neuf départements qui la composent, si nous comparons l'étendue de leurs cultures, leurs produits et leurs exportations en prenant pour base l'année 1867, nous arrivons aux résultats consignés dans le tableau suivant :

rédacteur du *Moniteur viticole*, qui a bien voulu nous envoyer, dans un tableau très-intéressant, les quantités de vins récoltées par chaque département de la région depuis 9 ans. C'est avec les documents qu'il nous a fournis que nous avons fait les calculs précédents.

	NOMBRE D'HECTARES en vigne.	RÉCOLTE DE 1867.	MOYENNE de la PRODUCTION par hectare.
Alpes-Maritimes..... [1]	26,000	42,724	1,64
Aude..............	80,479	1,498,348	18,61
Bouches-du-Rhône...	50,263	336,793	6,7
Corse.............	16,000	307,500	19,21
Gard..............	94,200	1,761,680	18,72
Hérault	163,716	6,771,415	41,3
Pyrénées-Orientales..	58,000	487,658	8,4
Var...............	79,010	735,223	9,29
Vaucluse..........	30,905	420,062	13,59 [2]
Totaux.......	598,603	12,361,403	

Encore un mot avant d'en finir avec ces chiffres arides, mais instructifs ; si l'on rapproche dans chaque

[1] Les chiffres contenus dans les deux premières colonnes de ce tableau, sauf ceux qui sont relatifs aux surfaces plantées de la Corse et des Alpes-Maritimes, ont été puisés dans les documents fournis par l'Administration des Contributions indirectes ; nous n'ignorons pas qu'ils sont loin d'être irréprochables ; tout imparfaits qu'ils sont, ils constituent encore la meilleure source d'informations qui soit à notre disposition.

[2] Si au lieu d'adopter pour base l'année 1867, qui a donné une récolte fort médiocre, nous avions pris l'année 1865, qui a été, au contraire, très-abondante, nous aurions obtenu, dans chaque département, des augmentations qui auraient varié du tiers au quart. La moyenne de la production par hectare aurait été 57,6 hectolitres pour l'Hérault, 25,8 pour le Gard, 20,3 pour l'Aude, 18,18 pour Vaucluse, 12,7 pour le Var, 9 pour les Pyrénées-Orientales.

département de la région le chiffre de la production des vins du chiffre de la population [1], on arrive aux conclusions suivantes : la Corse expédie peu de vins ; les Bouches-du-Rhône et les Alpes-Maritimes n'en produisent pas assez pour leur consommation ; les Pyrénées-Orientales, Vaucluse et le Var réunis ne pourront pas mettre, cette année, à la disposition du commerce, plus de 7 à 800,000 hectolitres ; le Gard et l'Aude ne pourront pas, à eux deux, en livrer plus de 2 millions ; l'Hérault exportera, à lui seul, sous forme de vin ou d'alcool, plus de 5 millions d'hectolitres, quantité égale aux deux tiers des exportations totales de toute la région.

On nous accusera peut-être de nous laisser entraîner par un patriotisme local exagéré ; mais nous ne pouvons pas nous empêcher de nous arrêter un instant devant cette position prépondérante de l'Hérault, qui est parvenu par l'abondance de ses produits à se placer à la tête, non-seulement de la région, mais de la France entière. Trop de gens ont pris l'habitude, en parlant de cette situation exceptionnelle, de n'en faire honneur qu'au

[1] Voici les chiffres de la population dans les neuf départements de la région :

Alpes-Maritimes	194,578
Aude	283,606
Bouches-du-Rhône	507,112
Corse	252,889
Gard	422,107
Hérault	409,391
Pyrénées-Orientales	181,763
Var	315,526
Vaucluse	268,255

soleil de notre pays et *à son sol privilégié*. Nous savons tous, Viticulteurs de l'Hérault, que nous ne jouissons d'aucun privilége, et que le soleil qui luit pour nous brille aussi pour beaucoup d'autres. Mais nous savons aussi, et l'enquête agricole l'a démontré, que la création d'un hectare de vigne, pouvant produire 100 hectolitres en moyenne, nous coûte près de 5,000 fr., et que les frais diminuent un peu pour les vignes d'un produit inférieur.

Quoique ce chiffre ne soit pas très-rigoureux et qu'il ne soit pas applicable à toutes nos vignes, il peut néanmoins donner une idée du capital que l'Hérault a été obligé d'ajouter à *son soleil* et à *son sol privilégié* pour créer les 165,000 hectares de vignes qu'il cultive, et pour obtenir les produits dont il jouit aujourd'hui.

Notre tâche est terminée; il ne nous reste plus qu'à faire des vœux pour que l'Exposition régionale des vins qui vient d'avoir lieu ne soit pas la dernière. On prétend que ces vœux sont partagés par quelques Sociétés d'Agriculture. Puisse-t-il en être ainsi ! Si les bruits répandus se confirment, si une nouvelle exposition régionale vient à s'ouvrir, espérons que les neuf départements de la région mettront cette fois un empressement égal à répondre à l'appel qui leur sera adressé, et qu'ils tiendront tous à honneur de prendre part, dans la mesure de leurs forces, à une œuvre qui est destinée à favoriser ce qui doit être notre but commun, notre désir à tous, le développement et la prospérité de la viticulture méridionale !

LISTE DES RÉCOMPENSES.

PRIX D'HONNEUR.

Le département de l'Hérault s'étant volontairement mis hors concours pour le grand prix d'honneur et pour les deux grandes médailles de Son Exc. M. le Ministre de l'Agriculture, du Commerce et des Travaux publics, la grande médaille d'or à l'effigie de Son Altesse le Prince impérial a été décernée au Comice viticole de Perpignan, pour l'exposition collective des vins des Pyrénées-Orientales.

Une des médailles d'or données par Son Exc. M. le Ministre de l'Agriculture a été décernée au Comice viticole de Narbonne (Aude), pour l'exposition collective des vins du département de l'Aude.

L'autre médaille d'or donnée par Son Exc. M. le Ministre de l'Agriculture a été décernée à la Société d'Agriculture et d'Horticulture d'Avignon, pour l'exposition collective des vins du département de Vaucluse.

HÉRAULT.

VINS ROUGES. — *Vins de plaine.*

Médaille d'argent, N° 123, M. Jules Marqués, à Lansargues, 1867.

Médaille d'argent, N° 6, M. Philippe Nichet, à Fabrègues, 1864.

Médaille d'argent, N° 93, M. Ulysse Sauvajol, à Lunel, 1867.

Médaille de bronze, N° 97, M. de Mounié, à Montpellier, 1867.

Médaille de bronze, N° 45, M. Jean Belugou, à Saint-Pons-de-Mauchiens, 1867.

Médaille de bronze, N⁰ 161, Mme Des Hours, à Mauguio, 1867.

Médaille de bronze, N⁰ 59, M. Henri Guizard, à Fabrègues, 1867.

Mention honorable, N⁰ 130, M. Argence, à Villeneuve-lez-Béziers, 1867.

Hors concours : J. Bouscaren, Saintpierre, L. Pargoire.

Montagnes légers.

Médaille d'or, N⁰ 249*b*, M. Bouisson, professeur à la Faculté de médecine, vin de Grammont, 1867.

Médaille d'argent, N⁰ 101, M. Massane, à Montpellier, 1866.

Médaille d'argent, N⁰ 20*b*, M. George de Bernard, à Clermont-l'Hérault, 1867.

Médaille de bronze, N⁰ 56*b*, M. Amadou, maire, à Lavérune, 1867.

Médaille de bronze, N⁰ 226, M. Audémar Atger, à Castries, 1867.

Hors concours, N⁰ 220*a*, M. Alfred Bouscaren, au Terral, 1866-67.

Hors concours, N⁰ 245*a*, M. L. d'Albénas, à Loupian, 1866-67.

Médaille de bronze, N⁰ 12*a*, M. Charles Lugagne, à Clermont, 1867.

Médaille de bronze, N⁰ 140*b*, M. Louis Langlade, à Roujan, 1867.

Médaille de bronze, N⁰ 224*b*, M. le duc de Castries, à Castries.

Médaille de bronze, N⁰ 252, Mme Westphal-Castelnau, à Montpellier, vin de 1862.

Hors concours, N⁰ 11*a*, M. Henri Bouschet, à Clermont-l'Hérault, vin de 1866.

Montagnes ordinaires.

Médaille d'or, N° 177, Mme veuve Connes, à Saint-André-de-Sangonis, 1867.

Médaille d'argent, N° 144g, M. le comte de Turenne, à Pignan, 1865.

Médaille d'argent, N° 219, M. Martin Pégurier, à Saint-André-de-Sangonis, 1867.

Médaille de bronze, N° 244, M. Cadilhac, à Puisserguier, 1867.

Médaille de bronze, N° 168a, M. Cernin Cauquil, à Saint-André-de-Sangonis, 1867.

Médaille de bronze, N° 162, M. Gras, à Montpellier, 1867.

Médaille de bronze, N° 254, M. Adolphe Ricard, à Celleneuve, 1867.

Mention honorable, N° 98c, M. Adrien Donat, à Balaruc, 1867.

Mention honorable, N° 20c, M. G. de Bernard, à Clermont, 1867.

Mention honorable, N° 15, M. Fraisse, à Clermont, 1867.

Montagnes foncés.

Médaille d'or, N° 110, M. de Marveille, à Saint-Gély-du-Fesq, 1867.

Médaille d'argent, N° 78, M. Victor Plauzolles, à Servian, 1867.

Médaille d'argent, N° 183, M. Léon Bouisson, à Saint-André-de-Sangonis, 1867.

Médaille de bronze, N° 182, M. Théodose Rouquet, à Saint-André-de-Sangonis, 1867.

Médaille de bronze, N° 155, M. Ernest Blouquier, à Claret, 1867.

Médaille de bronze, N° 42, Mme veuve Portal, à Magalas, 1867.

Médaille de bronze, N° 198, M. Paulet Cousin, à Saint-André-de-Sangonis, 1867.

Mention honorable, N° 178, M. Emile Chauchard, à Saint-André-de-Sangonis, 1867.

Mention honorable, N° 173*b*, M. Jean Léotard, à Saint-André-de-Sangonis, vin vieux de 1858.

Mention honorable, N° 144, M. le comte de Turenne, à Pignan, vin vieux de 1866.

Mention honorable, N° 66*b*, M. Genieys, à Adissan, vin vieux de 1864.

Vins de couleur.

Médaille de vermeil, N° 143, M. Duvergé, à Saussan, 1867.

Médaille d'argent, N° 4, M. P. Boujol, à Olonzac, 1867.

Médaille d'argent, N° 21, M. Irénée Beauclair, à Clermont, 1866.

Médaille de bronze, N° 29, M. Pierre Espagnac, à Clermont, 1867.

Hors concours, N° 239, M. Cazalis de Fondouce, à Villeveyrac, 1867.

Médaille de bronze, N° 238, M. Paul Gervais, à Fabrègues, 1866.

Mention honorable, N° 241, M. Auguste Porçon, à Béziers, 1866.

Vins fins.

Médaille de vermeil, N° 62*b*, M. Ferouillat, à Saint-George, 1867.

Médaille d'argent, N° 67*a*, M. Rouvière, à Saint-George, 1867.

Médaille de bronze, N° 116, M. de La Roque, à Saint-Bauzille-de-la-Silve, 1867.

Médaille de bronze, N° 154*d*, M. Léon Coulet, à Montpellier, 1867.

Médaille de bronze, N° 138c, M. Granel, à Olonzac, 1865.

Mention honorable, N° 133b, M. Brousse-Courty, à Saint-George, 1866.

VINS BLANCS. — *Terrets-Bourrets.*

Médaille d'argent, N° 69e, M. Jean Serre, à Adissan, 1867.

Médaille de bronze, N° 161e, Mme Des Hours, à Mauguio, 1867.

Médaille de bronze, N° 150h, M. Audouard, à Marseillan, 1867.

Mention honorable, N° 25, M. Léon Saumade, à Clermont, 1867.

Mention honorable, N° 156e, M. Déjean, à Popian, 1867.

Hors concours : MM. Bouscaren et Coste.

Picpouls.

Médaille d'argent, N° 44, M. Gaston Vernhes, à Magalas, 1867.

Médaille de bronze, N° 81b, M. le marquis de Turenne, à Valmagne, 1867.

Médaille de bronze, N° 115d, M. Lucien Cabanis, à Cournonterral, 1867.

Mention honorable, N° 63b, M. Gaujal de Pinet (collection).

Hors concours, M. Félix Dupin.

Vins blancs secs.

Médaille d'argent, N° 150f, M. Audouard, à Marseillan, Picardan, 1867.

Médaille de bronze, N° 161f, Mme Des Hours, à Mauguio, 1867.

Mention honorable, N° 156b, M. Déjean, à Popian, 1864.

Mention honorable, N° 119, M. Léonard Bonnet, à Marseillan, 1864.

On a remarqué un vin blanc sec de M. Henri Marès, fait avec du Pinot blanc.

Vins blancs doux.

Médaille d'or, N° 66*c*, M. Genieys, à Adissan, 1865.

Médaille d'argent, N° 127*d*, M. Gabriel Arnaud, à Adissan, 1858.

Médaille d'argent, N° 150, M. Audouard, à Marseillan, Picardan doux, 1860.

Médaille de bronze, N° 91*a*, M. Louis Desfours, à Ganges, vin blanc mousseux, 1867.

Mention honorable, N° 127*c*, M. Gabriel Arnaud, à Adissan, vin blanc doux, 1867.

Mention honorable, N° 136*c*, M. Arnal, à Aspiran, 1866.

Muscats.

Médaille d'or, N° 79, MM. Bérard frères, à Lunel, 1865.

Médaille d'argent, N° 253*c*, M. Viala fils, à Lunel (collection de Muscats).

Médaille de bronze, N° 47, M. Barral, à Frontignan (collection de Muscats).

Médaille de bronze, N° 5, M. Vouillon-Pastré, à Cazouls-lez-Béziers.

Hors concours, un Muscat vieux de M. Daurel, de Maraussan.

Vins doux, rouges et blancs.

Rappel de médaille de vermeil, N° 260, M. Bertrand aîné, des Balances, à Béziers, pour sa collection de vins.

Médaille d'argent, N° 135*f*, M. Delhon, à Puissalicon, Alicant de 1865.

Médaille d'argent, N° 53*a*, M. Jayet, à Lunel-Viel, Tokay, 1867.

Médaille de bronze, N° 96*a*, M. Leignadier, à Puissalicon, Alicant doux, 1865.

Mention honorable, N° 79*a*, M. Bérard, à Lunel, Tokay, 1865.

Mention honorable, N° 166*a*, M. Albert Bousquet, à Saint-André, Alicant, 1866-67.

Vins d'imitation.

Médaille d'argent, N° 258, M. Wimberg, à Cette, pour sa collection de vins imités de Cette.

Médaille d'argent, N° 163, M. Torquebiau, à Cette, pour sa collection de vins imités de Cette.

Hors concours, comme membre du Jury, N° 10, M. Wachter, à Cette, pour sa collection de vins imités de Cette.

Hors concours, comme membres du Jury, N° 257, MM. Blouquier et Léenhardt, pour leur collection de vins imités de Cette.

ALCOOLS, EAUX-DE-VIE, LIQUEURS.

Alcools et eaux-de-vie.

Rappel de médaille d'or, N° 146, M. Boyer, distillateur à Béziers, collection d'eaux-de-vie.

Médaille de vermeil, N° 135*k*, M. Delhon, docteur-médecin à Puissalicon, collection d'eaux-de-vie, 1848.

Médaille d'argent, N° 221, M. Renaud, à Béziers, collection d'eaux-de-vie.

Médaille d'argent, N° 156, M. Déjean, à Popian, eau-de-vie, 1866.

Rappel de médaille d'argent, N° 169, M. Revel, à Saint-André-de-Sangonis, eau-de-vie, façon Cognac, 1866-68.

Médaille de bronze, N° 49, M. Th. Serre, à Montpellier, eau-de-vie, 1868.

Médaille de bronze, N° 6, M. Disnard, à la Crau-d'Arles, eau-de-vie blanche.

Médaille de bronze, N° 23, M. Jacques André, à Clermont, eau-de-vie, 1866.

Médaille de bronze, N° 14, M. Emile Balp, à Clermont, alcool.

Mention honorable, N° 17, M. Jougla, à Narbonne, eau-de-vie.

Mention honorable, N° 39, le Comice viticole de Perpignan, eaux-de-vie.

Mention honorable, N° 70, M. Barral, à Florensac, eaux-de-vie, 1853.

Liqueurs, vermouth, absinthe.

Médaille d'argent, N°ˢ 50 à 55, M. Solanon, à Avignon, collection de liqueurs.

Médaille d'argent, N° 165*c*, MM. Vivarez fils et Comp., à Cette, vermouth.

Médaille de bronze, N° 229, M. Ed. Pernod, de Lunel, absinthe.

Médaille de bronze, N° 49, M. Th. Serre, à la Grangette, vermouth.

Médaille de bronze, N° 149*b*, M. Dumec, à Olonzac, liqueurs.

Mention honorable, N° 50, M. Pagès, à Montpellier, bitter.

Mention honorable, N° 31, M. Ollagnier, à Narbonne, vermouth.

Mention honorable, N° 3, M. Combet, à Nimes, sa liqueur l'*Indispensable*.

VINAIGRES.

Hors concours, M. Lutrand, en première ligne.

Médaille d'argent, N° 135, M. Delhon, docteur-médecin à Puissalicon.

Médaille d'argent, N° 65, M. Taïx, à Montpellier.

Médaille de bronze, N° 139, M. de Juvenel, à Pézénas.

Rappel de médaille de bronze, N° 104*b*, M. Lafon, à Montpellier.

Rappel de médaille de bronze, N° 243, M. Kleinschmidt, à Montpellier.

Rappel de médaille de bronze, N° 101, M. Massane, à Montpellier.

Mention honorable, N° 259*b*, M. Sauvan, à Lodève.

Mention bonorable, N° 2, M. Grange, à Basse-sur-Issole (Var).

PYRÉNÉES-ORIENTALES.

Vins de couleur.

Prix d'honneur, grande médaille d'or à l'effigie de son Altesse le Prince impérial au Comice viticole de Perpignan, pour l'expositiou collective des vins du département des Pyrénées-Orientales.

Hors concours, N° 32, M. Duverney, à Espira-de-l'Agly, vin rouge Roussillon, 1867.

Médaille d'or, N° 3, M. François Chalureau, à Cases-de-Pène, vin rouge, 1867.

Médaille de vermeil, N° 26, M. François Fabre, à Rivesaltes, vin rouge, 1867.

Médaille d'argent, N° 25, M. J.-Ay. Dumas, à Rivesaltes, vin rouge, 1867.

Hors concours, N° 27, M. Numa Lloubes, à Perpignan, vin rouge, 1867, de Bages et Saint-André.

Médaille d'argent, N° 28, M. Honoré Bocamy, à Saint-André, vin rouge, 1867.

Médaille d'argent, N° 20, M. de Cagarriga, à Espira, vin rouge, 1867.

Médaille d'argent, N° 6, M. Paul Coronat, à la Tour-de-France, vin rouge, 1867.

Médaille de bronze, N° 12, M. Fabre-Louis Llimousi, à Estagel, vin rouge, 1867.

Médaille de bronze, N° 29, M. Delpech Llarrive, à Perpignan, vin rouge, 1867.

Médaille de bronze, N° 21, M. Jacques Astruc, à Perpignan, vin rouge, 1867.

Médaille de bronze, N° 31, M. Sèbe Domenech, à Nyls, vin rouge, 1867.

Mention honorable, N° 35, M. Augustin Janer, à Cabesteny, vin rouge, 1867.

Mention honorable, N° 2, M. Baptiste Barthe, à Tantavel, vin rouge, 1867.

Mention honorable, N° 1, M. Casimir Tiplié, à Tantavel, vin rouge, 1867.

Mention honorable, N° 30, M. Isidore Sèbe, à Canhoés, vin rouge, 1867.

Mention honorable, N° 16, M. François Montegut, à Cassagnes, vin rouge, 1867.

Vins rouges doux.

Médaille de vermeil, N° 41, M. François Py, à Cosprons, 1867.
Hors concours, N° 32, M. Philippe Duverney, à Espira.

Vins de liqueur et vins de dessert.

Médaille d'argent, N° 39, Société agricole, scientifique et littéraire de Perpignan, Muscat d'Espira, 1863.

Hors concours, N° 32, M. Philippe Duverney, à Espira, Muscat, 1850.

Médaille de bronze, N° 39*t*, Société agricole, scientifique et littéraire de Perpignan, Grenache, 1860.

Hors concours, N° 52*s*, M. Philippe Duverney, à Espira, Malvoisie.

Mention honorable, N° 32*k*, M. Philippe Duverney, à Espira, Maccabeo.

Mention honorable, N° 17, M. Baptiste Barrant, à Cassagnes, vin blanc, 1867.

Mention honorable, N° 35, M. Augustin Janer, à Perpignan, Malvoisie, 1864.

AUDE.

Prix d'honneur, médaille d'or du Ministre de l'Agriculture, au Comice viticole de Narbonne (Aude), pour l'exposition collective des vins du département de l'Aude.

Vins rouges de couleur.

Médaille de vermeil, N° 3, M. Louis Auzoulat, à Fitou, 1867.

Médaille d'argent, N° 25, M. Emile Fabre, à Cruscades, 1867.

Médaille d'argent, N° 6, M. Louis Maillac, à la Palme, 1867.

Médaille d'argent, N° 1, M. Jules Fabre, à Ornaisons, 1867.

Médaille de bronze, N° 21, Mme veuve Boudet, à Leucate, 1867.

Médaille de bronze, N° 15, M. Prosper Grizant, à Leucate, 1867.

Médaille de bronze, N° 11, M. Pujol, à Leucate, 1867.

Mention honorable, N° 25, M. Fabre, à Canet, 1867.

Mention honorable, N° 23, Mme veuve Barthe, à Roquefort, 1867.

Mention honorable, N° 32, M. Louis de Martin, à Lézignan, pour ses vins faits à l'abri de l'air.

Mention honorable, N° 5, M. Vallière, à Saint-Salvaire, près Narbonne, 1865.

Mention honorable, N° 26, Mme Daude, à Cruscades, 1867.

Médaille de bronze, N° 13, M. Dieudonné Benezet, à Ribaute, vin blanc mousseux.

Médaille de bronze, N° 33, M. Alibert, à Esperaza, vin de table, 1864, 1866, 1867.

Mention honorable, N° 29, M. Alexandre Denille, à Saint-Martin-le-Vieil, vin de table du clos Saint-Bernard, 1867.

GARD.

Médaille d'or, N° 23, M. Rouvière, à Vauvert, vin de couleur, 1867.

Médaille d'or, N° 7a, M. le baron de Rivière, à Saint-Gilles, vin de couleur, 1867.

Médaille de vermeil, N° 21, M. de Surville, à Saint-Gilles, vins divers.

Médaille d'argent, N° 45, M. Prachazal, à la Cassagne, vin de couleur, 1867.

Médaille d'argent, N° 44, M. Veyrier, à Saint-Gilles, vin de couleur et vin blanc.

Médaille d'argent, N° 37k, M. F. Laune, à Manduel, vins divers.

Médaille d'argent, N° 8, M. Mestre, à Saint-Gilles, vin blanc sec et vin blanc doux.

Médaille d'argent, N° 24, M. Dide Isidore, à Uchaud, vins divers.

Médaille d'argent, N° 40, M. Queiranne, à Saint-Laurent, vin de table, 1867.

Médaille de bronze, N° 14, M. J. Bénézet, à Vauvert, vin de montagne, 1867.

Médaille de bronze, N° 26, M. Jac, à Quissac, vin de montagne, 1867.

Médaille de bronze, N° 13, M. Bénézet-Brunet, à Vauvert, vin de couleur, 1867.

Médaille de bronze, N° 5a, M. Blaud, à Saint-Gilles, vin de couleur, 1867.

Médaille de bronze, N° 30, M. Jean César, à Saint-Gilles, vin de couleur, 1867.

Mention honorable, N° 10, M. Bruguier, à Pont-Saint-Esprit, vin de montagne, 1867.

Mention honorable, N° 38, M. Cavalier-Puech, à Saint-Gilles, vin de couleur, 1867.

Mention honorable, N° 19, M. de Cabrière, à Vauvert, vin de couleur, 1867.

Mention honorable, N° 228, M. Maxime de la Baume, à Uzès, vin de couleur, 1867.

Mention honorable, N° 36, M. d'Espinassous, à Trespaux, vin blanc sec.

Mention honorable, N° 10, M. Charles Vassas, à Nimes, vin blanc, 1864.

Mention honorable, N° 15, M. Hérisson, à Uzès, vin de montagne, 1867.

Mention honorable, N° 12, M. d'Anglas, à Congeniès, vin de montagne, 1867.

Mention honorable, N° 6*k*, M. Durand, de Saint-Georges-de-Vénéjan, 1867.

VAUCLUSE.

Prix d'honneur, grande médaille d'or du Ministre de l'Agriculture, décernée à la Société d'Agriculture et d'Horticulture d'Avignon, pour l'ensemble de son exposition.

M. Berton, membre du Jury, dont les vins ont été remarqués en première ligne, a été mis hors concours.

Médaille de vermeil, N° 24, M. le comte de Courten, à Châteauneuf-du-Pape, vin rouge, 1867.

Médaille d'argent, N°s 94, 95, 96, M. Martin Moricelly, à la Solitude-Châteauneuf, vin rouge.

Médaille d'argent, N°s 122, 124, 125, M. Joseph Paillet, à Courthézon, pour ses vins de 1863, 66, 67.

Médaille d'argent, N°s 116, 119, M. Rey, à Courthézon.

Médaille d'argent, N° 164, M. de Ribiers, à Gadagne, vin dit *de la Chapelle*.

Médaille d'argent, N°s 134, 135, 139, M. le comte Fernand de Brucher, pour son vin d'Aistier et de Saint-Georges.

Médaille d'argent, N°s 44, 46, M. Olivier, au Pontet, vin de garrigue, dit *de l'Oseraie*.

Médaille de bronze, N⁰ 28, M. Bertrand, à Châteauneuf, vin de Châteauneuf.

Médaille de bronze, Nᵒˢ 90, 92, M. Kuntzman, à Avignon, vin de la Gardiole.

Médaille de bronze, Nᵒˢ 102, 106, MM. Gontard et Establet, à Courthézon, vin de Saint-Joseph.

Médaille de bronze, N⁰ 121, M. Eyme, à Courthézon, cru des garrigues.

Médaille de bronze, N⁰ 14, M. Pousson-Basille, vin de Châteauneuf.

Médaille de bronze, N⁰ 10, M. Mathieu Prosper, vin de Châteauneuf.

Mention honorable, N⁰ 35, M. Brunel, vin de Châteauneuf-du-Pape.

Mention honorable, N⁰ 127, M. Masson, à Courthézon, vin des plaines de Courthézon.

Mention honorable, N⁰ 31, M. Blanchet, vin de Châteauneuf.

Mention honorable, N⁰ 40, M. Chauvin, vin de Châteauneuf.

Mention honorable, N⁰ 33, M. Chabert, vin de Châteauneuf.

Comice agricole de Carpentras.

Médaille d'argent, N⁰ 160, M. Delègue, à Sarrians, vin rouge, 1863-64.

Médaille de bronze, N⁰ 150*a*, M. Morierlotelier, à Loriol, Grenache, 1865.

Mention honorable, N⁰ 150*b*, M. Morierlotelier, à Loriol, Grenache, 1867.

Mention honorable, N⁰ 155, M. Constantin, à Carpentras, pour sa collection.

BOUCHES-DU-RHONE.

Médaille d'argent, N⁰ 5*b*, MM. Monier frères, au château de Bonneval, commune de Charleval, vin rouge.

Médaille de bronze, N° 6*d,* M. Disnard, à Arles, vin du vignoble de Tapie, Crau d'Arles.

VAR.

Médaille d'argent, N° 1*e,* M. Ravel, pour la commune de Pierrefeu, vin rouge.

Médaille de bronze, N° 5*b,* M. Decugis, à Toulon, cru de Bandol, 1867.

Mention honorable, N° 1*a,* M. Ravel, à Pierrefeu.

Mention honorable, N° 5*a,* M. Decugis, à Toulon, cru de Bandol, 1866.

Mention honorable, N° 4, M. Girard, à Hyères, vin blanc du château de Borel, 1863.

ALPES-MARITIMES.

Médaille d'argent, N° 4*b,* M. Chabert Plaucheur, à Antibes, vin rouge du clos Chabert, 1867.

Médaille de bronze, N° 5*b,* M. Jaume, à Nice, vin rouge, 1867.

Médaille de bronze, N° 3*d,* M. Jaume, à Nice, vin blanc, 1867.

Mention honorable, N° 3*c,* M. Jaume, à Nice, vin blanc, 1866.

CORSE.

Mention honorable, N° 1*a,* M. d'Astima, à Cervione, vin rouge, 1867.

www.ingramcontent.com/pod-product-compliance
Lightning Source LLC
LaVergne TN
LVHW021439170726
843501LV00005B/1402